Forschungsreihe der FH Münster

Die Fachhochschule Münster zeichnet jährlich hervorragende Abschlussarbeiten aus allen Fachbereichen der Hochschule aus. Unter dem Dach der vier Säulen Ingenieurwesen, Soziales, Gestaltung und Wirtschaft bietet die Fachhochschule Münster eine enorme Breite an fachspezifischen Arbeitsgebieten. Die in der Reihe publizierten Masterarbeiten bilden dabei die umfassende, thematische Vielfalt sowie die Expertise der Nachwuchswissenschaftler dieses Hochschulstandortes ab.

Weitere Bände in der Reihe http://www.springer.com/series/13854

Jeanne Lengersdorf · Anna Hagemann

Raum für Inklusion

Schule als Lernort für Alle gestalten und nutzen

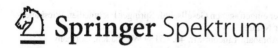

Jeanne Lengersdorf
Münster School of Vocational Education
Münster University of Applied Sciences
Münster, Deutschland

Anna Hagemann
Münster School of Vocational Education
Münster University of Applied Sciences
Münster, Deutschland

ISSN 2570-3307 ISSN 2570-3315 (electronic)
Forschungsreihe der FH Münster
ISBN 978-3-658-32665-4 ISBN 978-3-658-32666-1 (eBook)
https://doi.org/10.1007/978-3-658-32666-1

Die Deutsche Nationalbibliothek verzeichnet diese Publikation in der Deutschen Nationalbibliografie; detaillierte bibliografische Daten sind im Internet über http://dnb.d-nb.de abrufbar.

Planung/Lektorat: Marija Kojic
Springer Spektrum ist ein Imprint der eingetragenen Gesellschaft Springer Fachmedien Wiesbaden GmbH und ist ein Teil von Springer Nature.
Die Anschrift der Gesellschaft ist: Abraham-Lincoln-Str. 46, 65189 Wiesbaden, Germany

Vorwort

Raum für Inklusion – der Titel führt uns zu zwei unterschiedlichen Perspektiven: zum einen betrachten wir den *Ermöglichungsraum*, den wir brauchen, um *Inklusion* auszugestalten und als *dritten Pädagogen* wirken lassen. Zum anderen richten wir den Blick auf den *Raum*, zu dem wir Verbindung aufnehmen, mit unseren biografischen Erfahrungen, unseren Werten und Zielen, den wir uns in einem Prozess zu eigen machen (müssen), um ihn als Potenzial zu nutzen.

Unser menschenrechtlicher Auftrag zu einem inklusiven Bildungssystem zeigt uns die Richtung – wie ein *Nordstern*, mit dem Ines Boban und Andreas Hinz unsere inklusive Navigation kennzeichnen. Veränderungen braucht es auf allen Ebenen und in allen Handlungsfeldern der (Berufs-)Bildung, damit alle (jungen) Menschen den Zugang zu Bildung und Beschäftigung erhalten und damit gesellschaftliche Partizipation erreichen können.

Diesen Veränderungsprozessen immanent ist, mehrere und unterschiedliche Perspektiven in unsere Betrachtung aufzunehmen, d. h. Sichtweisen zu wechseln, Individuen in ihrer Individualität wertzuschätzen und anzuerkennen, ihre Potenziale zu schöpfen und gesellschaftliche Vielfalt als Bereicherung erlebbar zu machen. Die Ausgestaltung inklusiver Bildung richtet den Blick auf die biografischen Erfahrungen und Lebenskontexte der Lernenden, schaut auf gesellschaftliche Barrieren und auf jene Faktoren, die Menschen ausschließen.

Die lebendige Gestaltung einer inklusiven Schule basiert auf systemischem Denken und Handeln, das in ein gemeinsames Leitbild einfließt, unterstützende Strukturen etabliert, Lernsettings am Lernenden ausrichtet und sich in den Sozialraum öffnet, um alle vorhandenen Ressourcen zu mobilisieren – so im *Index für Inklusion* als Ziel von Schulentwicklung formuliert. Das Herstellen von Gelingensbedingungen in der Institution Schule schließt die räumliche Gestaltung mit ein und verknüpft das inklusionsbezogene, pädagogische Konzept mit einer

Schularchitektur, die an den Lernbedürfnissen der Lernenden und Lehrenden ausgerichtet ist. Pädagogische Architektur intendiert Schule als Lern-, Lebens-, Bewegungs- und Entfaltungsraum zu gestalten und lässt Lernlandschaften entstehen, die eine Raumperspektive eröffnen, um unterschiedliche Aktions-, Sozial- und Rückzugsflächen zu bieten.

Anna Hagemann und **Jeanne Lengersdorf** haben in Ihrer Masterarbeit *„Raum für Inklusion – Schule als Lernort für alle gestalten und nutzen"* dieses innovative Thema aufgegriffen und interdisziplinär bearbeitet. Erziehungswissenschaftliche Zugänge, inklusionstheoretische Bezüge in Verknüpfung mit der gestalterischen Perspektive aus Architektur und Design fließen zusammen, um Leitlinien herauszuarbeiten, die die Gestaltung einer inklusiven Schule markieren. Im empirischen Teil verdeutlicht die inhaltsanalytische Bearbeitung zweier Interviews die subjektive Sicht einer Lehrerin und eines Schülers, die sich aus ihrer jeweiligen Rolle heraus, Schule als einen Lern- und Lehrraum in einer veränderten Lernumgebung erschließen. Den Autorinnen gelingt es herauszuarbeiten, dass eine Verzahnung von pädagogischen Leitlinien und räumliche Konzepte eine zentrale Gelingensbedingung für die Ausgestaltung einer inklusiven Schule darstellt, die sich auf den Weg gemacht hat, allen Lernenden Bildung, Entwicklung und Partizipation zu ermöglichen.

im Oktober 2020   Professorin Dr. Ursula Bylinski
                                             Münster School of Vocational Education
                                             Münster University of Applied Sciences
                                             Münster, Deutschland

                                             Professorin Dipl.-Des. Claudia Grönebaum
                                             MSD / Münster School of Design
                                             Münster University of Applied Sciences
                                             Münster, Deutschland

Inhaltsverzeichnis

Abbildungsverzeichnis

Einleitung 1

1.1 Ausgangslage und Problemstellung

In ganz Europa findet eine Schulbauoffensive statt: Die Entwicklung der Lehr-
und Lernräume bietet Chancen für die Zukunft und orientiert sich an zeitgemäßer
konstruktivistischer Pädagogik und gesellschaftlichen Diskursen. Bildungsbauten zeitgemäß zu gestalten, heißt innovative Pädagogik, Architektur, Ästhetik
und Wirtschaftlichkeit auf hohem Niveau zu vereinen. Die neu geschaffenen,
umgebauten, modernisierten und umstrukturierten Schulbauten greifen aktuelle
soziale Entwicklungen auf und werden die Stadt, Pädagogik und Gesellschaft
für Jahrzehnte prägen (PPAG architects ztgmbh, 2018). Mit Verabschiedung
der UN-Konvention über die Rechte von Menschen mit Behinderung in der
UN-Vollversammlung am 13. Dezember 2006 hat Deutschland einen tiefgrei-
fenden Systemwechsel eingeleitet, der komplexe Anforderungen an aktuelle
Pädagogik und damit verbunden, an Schulbau stellt. „Inklusion im Bildungsbereich bedeutet, dass allen Menschen die gleichen Möglichkeiten offenstehen,
an qualitativ hochwertiger Bildung teilzuhaben und ihre Potenziale entwickeln
zu können, unabhängig von besonderen Lernbedürfnissen, Geschlecht, sozialen
und ökonomischen Voraussetzungen" (UNESCO-Kommission, 2014). Alle Schülerinnen und Schüler sollen nach ihren Bedarfen gefordert und gefördert werden.
Die Gesellschaft befindet sich im stetigen Wandel, welchem sich Schule als
Spiegel der Gesellschaft ebenso unterziehen muss. Bildung als Basis unserer
Wissensgesellschaft verdeutlicht den Bedarf der ständigen Veränderung. Tiefgrei-
fende Erneuerungen pädagogischer Konzepte fordern fundierte Eingriffe in die
Räumlichkeiten von Bildungsbauten, deren Gestaltung und Planung hinsichtlich

aktueller Bildungsforschung und Interaktion mit dem Raum längst überholt ist (vgl. Montag Stiftung, 2017).

„65 Prozent der Kinder, die heute in die Grundschule kommen, werden später Berufe haben, die es noch nicht gibt. Schulen müssen daher selbstständiges Lernen ermöglichen, um die Kinder fit für die Zukunft zu machen. Design kann diesen Prozess unterstützen, indem es uns dazu anregt, unser Verhalten zu ändern" (Roßmann, 2018).

Hierbei stehen nicht nur technische Kenntnisse im Fokus, sondern auch die kritische Auseinandersetzung mit medialen Inhalten sowie die digitalisierte und individualisierte Didaktik. Leitlinien des Universal Design und der aktuelle Mangelzustand unserer Bildungsbauten fordern die Optimierung der gegenwärtigen Situation, um Selbstständigkeit, Individualisierung und Handlungskompetenz der Schülerinnen und Schüler zu ermöglichen und zu fördern. Bestehende Innovationstreiber der Bildung – Ganztag, Digitalisierung und Inklusion – stellen so zentrale Problemstellungen dar, auf die die angewandte Pädagogik und Architektur Antworten finden muss. Gesellschaftliche Veränderungen fordern den Rollenwandel von Lernenden und Lehrenden und müssen mit entsprechender räumlicher Planung und herausfordernder pädagogischer Grundlage beantwortet werden, sodass „jedes Kind und jeder Jugendliche einen Lern-, Lebens-, Bewegungs- und Entfaltungsraum [vorfindet], der eine möglichst gute individuelle Persönlichkeitsentwicklung gewährleistet" (Amt für Schulentwicklung der Stadt Köln, 2016). Individualisierung und Heterogenität im Schulalltag sind zentrale Punkte von Inklusion, die im deutschen Bildungssystem noch immer in den Startlöchern steht und insbesondere im internationalen Vergleich Investitionsrückstand aufholen muss (vgl. Montag Stiftung 2017, S. 6). Die Bedeutung des Rechts eines jeden Menschen auf Bildung und Beschlüsse der UN-Konvention werden insbesondere für die Entwicklung unserer Industrie- und Wissensgesellschaft deutlich, in der Bildung eine zentrale Ressource für die Volkswirtschaft und die Position Deutschlands auf dem Weltmarkt darstellt (Artikel 26 der Allgemeinen Erklärung der Menschenrechte der Vereinten Nationen: Vereinte Nationen 2006, S. 5).

1.2   Erkenntnisinteresse und Zielsetzung

Der Begriff Inklusion löst vielerorts Verunsicherung aus. Inklusion baut auf den Grundprinzipien der konstruktivistischen Pädagogik auf. Die Raumkomponente hingegen begegnet weiterhin hoher Skepsis (Kricke, Reich, Schanz, & Schneider 2018, S. 9). Fehlende praktische Erfahrungen erzeugen das Festhalten an Bewährtem: „Unterricht = Klasse = Klassenraum" und stehen erforderlichen

Innovationen im Weg (ebd.). Um diesen Rückstand an Innovation aufzuholen, gilt es bestehende Klassenraum-Flur-Konzepte zu überdenken und Schule durch Investitionen, zukunftsorientierte Konzepte und Zusammenarbeit multipler Professionen leistungsfähiger zu machen und zu lenken. „Investitionen in Bildung lohnen sich: Die Kosten für Nicht-Bildung sind bedeutend höher geworden, als die Kosten für Bildung" (Montag Stiftung 2017, S. 23). Im inklusiven Sinne ist Bildung für Alle die Voraussetzung für eine demokratische Gesellschaft. Neben wirtschaftlichem Mehrwert ist sie die Basis für soziale Kompetenz und Verantwortung sowie Integrationsfähigkeit und Zusammenleben (ebd., S. 24). Für den Schulbau ist folgerichtig eine gemeinsame Auseinandersetzung der Perspektiven aus Pädagogik, Architektur, Bauplanung, Verwaltung und Politik gefordert. Es benötigt dazu gegenseitiges Verständnis im Umgang mit wandelnden Konzepten für brauchbare Lernräume, Sichtung der Herausforderungen und Chancen der jeweiligen Planungskonzepte, um pädagogisch und architektonisch anwendungsbezogenen Schulbau zu ermöglichen. Gemeinsames Ziel der multiplen Professionen bildet die Unterstützung einer hochwertigen und zeitgemäßen Bildung für Alle.

Das Thema der vorliegenden Masterarbeit ordnet sich interdisziplinär in die Bereiche der Berufspädagogik und Gestaltung ein. Erkenntnisse, die im Studium der Fachwissenschaft und Didaktik gewonnen wurden, fließen in die vorliegende Arbeit ein. Diese vertiefende Auseinandersetzung mit einem der aktuellsten Diskurse der Schulentwicklung dient der eigenen Professionalisierung und verfolgt die Initiative in die Gestaltung der Schule von heute und morgen einzugreifen. Mit Studienschwerpunkten beider Bereiche ist es ein Anliegen entsprechende Prozesse anzuregen und die Bedeutung des Raums für inklusive Schule herauszuheben und weiterzutragen. Es stellt sich folglich die Frage, wie Raum für Inklusion gewonnen und Schule als Lernort für Alle gestaltet und genutzt werden kann.

1.3 Paradigmatische Einordnung

Bereits 1974 formuliert der Deutsche Bildungsrat Empfehlungen zu einem gemeinsamen Unterricht und Erziehung Behinderter und Nichtbehinderter (Deutscher Bildungsrat 1974, S. 23). Die Salamanca Konferenz 1994 zielt auf eine integrative Schule, mit dem Ziel Bildung für Alle zu ermöglichen, unabhängig von physischen und psychischen, intellektuellen, sozialen, emotionalen und sprachlichen Fähigkeiten (vgl. Salamanca Konferenz, 1994). Durch die Anerkennung der UN-Konvention 2009 durch Deutschland, tritt das Thema Inklusion in den Vordergrund. Hiermit geht Deutschland die Verpflichtung zu einem inklusiven Bildungssystem ein. Der Fokus verlagert sich vom integrativen Lernen zum inklusiven Leben und Lernen. Die UN-Konvention gibt Rahmenbedingungen für viele Lebensbereiche. Dazu zählen unter anderem inklusives Design und die räumliche und organisatorische Gestaltung von Bildungseinrichtungen (Kricke, Reich, Schanz, & Schneider, 2018). Die „Nationale Konferenz zur inklusiven Bildung" beschließt 2013, dass Inklusion auch Aufgabe der Berufsausbildung ist. Mit der Verabschiedung der „Bonner Erklärung zur inklusiven Bildung" wird die Bundesregierung aufgefordert „Inklusion in der betrieblichen Aus- und Weiterbildung im Dialog mit der Wirtschaft umzusetzen und dazu beizutragen und jungen Menschen das Nachholen einer Berufsausbildung zu ermöglichen" (Enggruber & Rützel 2014, S. 11). So gelangt das Thema Inklusion ebenfalls in die berufsbildenden Schulen. Die Forderungen nach Inklusion verlangt zeitgleich einen Paradigmenwechsel von deutschen Schulen.

„Inklusion beinhaltet den Prozess einer systematischen Reform, die einen Wandel und Veränderung in Bezug auf Inhalt, die Lehrmethoden, Ansätze, Strukturen, und Strategien im Bildungsbereich verkörpert, um Barrieren mit dem Ziel zu überwinden, allen Lernenden einer entsprechenden Altersgruppe eine auf Chancengleichheit und Teilhabe beruhende Lernerfahrung und Umgebung zu teil werden zu lassen, die ihren Anforderungen und Vorlieben am besten entspricht" (Vereinte Nationen 2006, S. 5).

1.4   Struktureller Aufbau der Arbeit

Die vorliegende Arbeit greift den pädagogischen Diskurs zu Inklusion und veränderten Raumkonzepten auf, stellt bewährte Ansätze zu Lernarrangements und inklusive pädagogische Konzepte vor und analysiert das Praxisbeispiel der Beruflichen Schule Eidelstedt in Hamburg, der BS24. Auf Grundlage eines berufspädagogischen Seminars mit dem Schwerpunkt Inklusion an der Fachhochschule Münster wurde konkret das schulische Beispielkonzept der BS24 herangezogen und durch eine Exkursion mit Hospitation vor Ort vertieft. Auf Basis von aktuellen Erkenntnissen und historischen Theoriezugängen aus Pädagogik und räumlicher Gestaltung wird an dieser Schule empirisch geforscht. Mit Begrifflichkeiten der Inklusion stützt sich diese Arbeit schwerpunktmäßig auf Literatur von Kersten Reich und interdisziplinäre Werke der Montag Stiftung mit den Titeln „Raum und Inklusion – neue Konzepte im Schulbau" (Kricke, Reich, Schanz, & Schneider, 2018), „Inklusive Didaktik – Bausteine für eine inklusive Schule" (Reich, 2014) und „Schule Planen und Bauen 2.0" (Montag Stiftung, 2017). Aufbauend auf dem Theoriezugang werden im Konzeptteil der Arbeit praktizierte und fortschrittliche Schulkonzepte zu Raum und Inklusion vorgestellt und erläutert, welche am Praxisbeispiel erforscht und im Diskussionsteil hinterfragt werden.

Teil I
Theorie

Pädagogischer Theoriezugang 2

2.1 Aktueller Diskurs zur Weiterentwicklung der berufsbildenden Schule

Im deutschen Bildungssystem und an berufsbildenden Schulen landesweit vollzieht sich ein fundamentaler Wandel, der die Rahmenbedingungen für Schule verändert. Diese Veränderungen beziehen sich auf Makroebene gesamtgesellschaftlich, städtisch und institutionell. Bei Betrachtung der Mikroebene beziehen sie sich auf die Schule selbst (Montag Stiftung 2017, S. 21). So werden Investitionen bereitgestellt, um in der Planung und Gestaltung von zeitgemäßen Schulbauten auf pädagogische Konzepte zu reagieren und leistungsfähige Schulbauten zu konzipieren (vgl. ebd., S. 6). Es ist von Nöten, die räumliche Perspektive dahingehend zu berücksichtigen, dass die fortschreitende Digitalisierung fester Bestandteil unserer Lebens-, Berufs- und Arbeitswelt ist und unsere Art zu kommunizieren, zu lernen und zu wirtschaften direkt beeinflusst (Qualitäts- und UnterstützungsAgentur – Landesinstitut für Schule, 2018). Lernen im digitalen Wandel und die Verfügbarkeit jeweiliger Medien und digitaler Angebote in der Lernumgebung sind von hoher Bedeutung, um der pädagogischen Orientierung an Handlungsfähigkeit und gesellschaftlicher Ausrichtung gerecht zu werden. Lernen im digitalen Fortschritt kann so als übergreifende Querschnittsaufgabe gesehen werden, die die Vermittlung von Medienkompetenz, Anwendungs-Knowhow und informationstechnischen Grundkenntnissen umfasst (vgl. ebd., 2018). Die Qualitäts- und Unterstützungsagentur des Landesinstituts für Schule NRW bietet in diesem Kontext eine Vielzahl an Leitpapieren zur Unterstützung im Umgang mit neuen digitalen Grundkenntnissen. Berufsbildung 4.0 beinhaltet beispielsweise wesentliche Elemente, die das Bundesministerium

J. Lengersdorf and A. Hagemann, *Raum für Inklusion*, Forschungsreihe der FH Münster, https://doi.org/10.1007/978-3-658-32666-1_2

für Bildung und Forschung (BMBF) und das Bundesinstitut für Berufsbildung
(BIBB) als gemeinsame Forschungsinitiative für die „Fachkräftequalifikation und
Kompetenzen für die digitalisierte Arbeit von morgen" (ebd., 2018) verfolgt. Digitalisierung in Schule muss folglich so gestaltet werden, „dass möglichst viele
Menschen nicht nur ökonomisch davon profitieren, sondern auch gesellschaftlich
daran teilhaben können" (Landesregierung Nordrhein-Westfalen, 2016). Diese
pädagogischen Konsequenzen stellen nicht nur einen Wandel im Bildungssystem
und an Schule selbst dar – sie betreffen vor allem die Rolle der Lehrkraft und
die Interaktion mit den Schülerinnen und Schülern in unterschiedlichen Lernformen. Individuelle Förderung ist durch die Heterogenität im Übergangs- sowie im
dualen System längst keine Neuheit mehr. Sie stellt die Lehrenden kontinuierlich
vor didaktische Herausforderungen, die zurzeit besonders durch die Digitalisierung verstärkt werden. „Die individuelle Förderung jeder einzelnen Schülerin
und jedes einzelnen Schülers ist – unabhängig von dem zu erlernenden Ausbil-
dungsberuf oder vom Bildungsgang – der Maßstab allen pädagogischen Handelns
in Berufskollegs" (Qualitäts- und UnterstützungsAgentur – Landesinstitut für
Schule, 2018). Die Förderung von Individuen ist somit ein stetig weiterzuent-
wickelndes, zentrales Konzept mit dem Ziel den individuellen Bedürfnissen der
Lernenden gerecht zu werden und entsprechenden Lernerfolg angemessen sowie
kompetent zu unterstützen. Dieses stellt eine große Herausforderung für die
Lehrerinnen und Lehrer dar und wird durch die vorherrschende Heterogenität
der kognitiven und sozialen Ressourcen der Schülerinnen und Schüler weiterhin
bestehen bleiben. Die in den letzten Jahren stark ansteigenden Zahlen geflüchteter
Jugendlicher und Erwachsener stellen zudem kommunikative Probleme innerhalb
der heterogenen Lerngruppen dar. Sie fordern vor allem das Berufskolleg und
das Übergangssystem zwischen Schule und Beruf (vgl. Montag Stiftung 2017,
S. 25). Dem Bildungssystem wird in diesem Zuge eine systematische Reform
abverlangt, die einen Umbruch in Bezug auf Lerninhalt und Methodik schafft.
Der Umgang mit Vielfalt innerhalb der Lerngruppen fordert ein inklusives Verständnis und Handeln und schafft hierfür eine Grundlage durch entsprechende
Raumkonzepte und Freiraum für Lernen und individualisiertes Arbeiten. Dyna-
mische Lern- und Verstehensprozesse werden so im besten Fall innerhalb der
Lerngruppen kollektiv erreicht und durch die Lehrperson initiiert und begleitet.
Die Qualitäts- und Unterstützungsagentur NRW (2018) fasst die Wichtigkeit von
kooperativen Lernformen für eine inklusive Bildung wie folgt zusammen:

„Gemeinsames Lernen möchte allen Menschen den ungehinderten Zugang zu schu-
lischem Lernen ermöglichen. Auch das Berufskolleg befindet sich auf dem Weg zur
Inklusion. Die Grundsätze hierzu sind im Schulgesetz in § 2 Abs. 5 geregelt: Die

Schule fördert die vorurteilsfreie Begegnung von Menschen mit und ohne Behinderung. In der Schule werden sie in der Regel gemeinsam unterrichtet und erzogen (inklusive Bildung). Schülerinnen und Schüler, die auf sonderpädagogische Unterstützung angewiesen sind, werden nach ihrem individuellen Bedarf besonders gefördert, um ihnen ein möglichst hohes Maß an schulischer und beruflicher Eingliederung, gesellschaftlicher Teilhabe und selbstständiger Lebensgestaltung zu ermöglichen".

Anforderungen einer veränderten Didaktik, Handlungsorientierung und Selbstständigkeit sind nicht erst im aktuellen Diskurs zur Weiterentwicklung der berufsbildenden Schule präsent, sondern sind bereits in der Reformpädagogik Ende des 19. Jahrhunderts und im erste Drittel des 20. Jahrhunderts zu erkennen (vgl. Abschnitt 2.2).

2.2   Pädagogischer Wandel und Inklusionsverständnis

2.2.1   Raum als dritter Pädagoge

Die Bedeutung und das Wechselspiel von Raum und Pädagogik ist nicht neu. Bereits in der Reformpädagogik mit den hier ausgewählten Vertretern wird dem Raum eine besondere Bedeutung zugeordnet. Maria Montessori prägt hierbei den Begriff der „vorbereiteten Umgebung", zu der wohlsortierte altersgemäße Materialien und eine kreativ förderliche Arbeitsatmosphäre gehören, die durch den passenden Raum erzeugt wird (Montessorie, 2005). Sie bezeichnet das „Kind als Baumeister seiner selbst", dabei sieht sie die „vorbereitete Umgebung" als notwendig an, damit sich Kinder frei entwickeln können. Die Umgebung wird entsprechend den Bedürfnissen der Lernenden gestaltet und ermöglicht individualisiertes Lernen im eigenen Tempo durch sinnvoll konzipierte Materialien (Barz 2018, S. 60). Dies fördert die Selbstständigkeit der Lernenden (Jank & Meyer 2006, S. 313). Der Gedanke der Inklusion ist bereits in der Montessori-Pädagogik verankert. „Auch behinderte Kinder werden hier schon gemeinsam beschult" (Barz, 2018, S. 60 ff). Dieses Verständnis deckt sich mit dem heutigen Verständnis von Inklusion als „gesellschaftliche Teilhabe aller Menschen, unabhängig von ihren individuellen Dispositionen und Ausgangslagen" (Bundesinstitut für Berufsbildung, 2019). Verwandt mit der Montessori-Konzeption ist die Reggio-Pädagogik, die in den 1960/70er Jahren in Italien entstand. Sie ist ein Vorschulkonzept, das durch die Partizipation von Kindern, Eltern und Lehrenden lebt, Kooperationen mit außerschulischen Akteuren und Organisationen pflegt, um dem Kind einen Raum zu bieten. In diesem soll es möglichst ungehindert

seine Kompetenzen, seine eigenständigen Entwicklungsbedürfnisse und individuellen Entwicklungsprozesse entfalten (Barz 2018, S. 123). Der weit verbreitete
Begriff „Raum als dritter Pädagoge" lässt sich auf Loris Malaguzzi zurückführen,
der Anhänger der Reggio-Pädagogik war (ebd.). Ein Raum gilt nach der Reggio-
Pädagogik als „dritter Pädagoge", wenn ein Schulgebäude „einladende, offene,
helle und Transparenz signalisierende Räumlichkeiten" aufweist und bewusst
gestaltet ist (ebd., S. 124). Zu dieser bewussten Gestaltung zählen unter anderem „sprechende Wände", Wanddokumentationen, die die Arbeitsergebnisse der
Lernenden präsentieren und einen positiven Beitrag zum Schulklima beisteu-
ern (ebd.). Die Reggio-Pädagogik verlangt „nach einer sachlichen und sozialen
Umwelt, in der einerseits die Neugier der Kinder angestoßen wird, sie zum Zweiten die Möglichkeit haben, selbst tätig zu werden und zwar handelnd, vorstellend,
gestaltend und denkend, sie aber andererseits durch einen institutionellen und
sozialen Rahmen vor Überforderung und unzuträglichen realen Folgen geschützt
sind" (Schäfer & Schäfer 2009, S. 237). Ein solches Konzept versteht den Raum
als dritten Erzieher. Dabei bilden die anderen Kinder den ersten Erzieher bzw.
die erste Erzieherin und die Erwachsenen den zweiten. Der Raum fungiert als
Interaktionspartner für die Kinder und Erwachsenen. Der Raum soll die Kinder
begleiten, ihnen Geborgenheit und Sicherheit geben und sie durch seine Gestaltung, Ausstattung und Materialien fördern. Die Erzieher und Erzieherinnen soll er
unterstützen – sowohl in persönlichen Aufgaben, als auch in fachlichen – um ihre
pädagogischen Vorstellungen zu realisieren (ebd., S. 240). Auch wenn die Bedeutung des Raums schon zu diesem Zeitpunkt als pädagogisch wertvoll angesehen
wird, findet diese Vorstellung in den 1960/70er Jahren keinen Einfluss auf den
Schulbau. Der „open plan" versagt, da Pädagoginnen und Pädagogen nicht mit in
den Planungsprozess neuer Schulbauten einbezogen werden (Roßmann, 2018).

2.2.2 Von der Instruktion zur Konstruktion

Im Wandel der Zeit hat sich der Blick auf das Lernen gewandelt: weg von der
Instruktion hin zu mehr Konstruktion (Reich, 2014). Das „Lebenslange Lernen"
steht im Fokus und damit die Selbständigkeit der Lernenden, die auch in der
Reformpädagogik gestärkt wird. Ein selbstständiges Lernen verfolgt generell das
Ziel, nachhaltig zu lernen. Die aktuelle Lernforschung bezeichnet Lernen als
„umso effektiver, je stärker es als konstruktiver Prozess an eigenaktive, vielfältige Tätigkeiten der individuellen Lernenden angebunden wird" (Montag Stiftung
2012, S. 318). Sie definiert drei notwendig einzuhaltende Kriterien:

(1) verschiedene Perspektiven eröffnen, Diversität von Möglichkeiten, Sichtweisen und Lösungen eröffnen;

(2) verschiedene Zugänge bieten, die Vielfalt der Lernenden ansprechen, Chancen bieten und Lernwege verbessern;

(3) Ergebnisse, die nachprüfbar und anerkannt sind; Vielseitigkeit heutiger Möglichkeiten, Ergebnisse präsentieren, dokumentieren, kommunizieren (Reich,
2012, S. 254).

Die Selbständigkeit der Lernenden rückt in den Mittelpunkt des lebenslangen
Lernens. Konstruktivistische Didaktik versucht so ein Mischverhältnis von fronta-
len, instruktiven Phasen der Vermittlung und individuellen, handlungsbezogenen
Phasen der Selbstständigkeit der Lernenden zu erreichen (Reich 2014, S. 207).
Rahmenbedingungen des Unterrichts beeinflussen dieses Mischungsverhältnis, da
vor allem handlungsbezogene Phasen einen verhältnismäßig großen Zeitaufwand
benötigen und eine brauchbare Lernumgebung voraussetzen. Aufgaben sollen eine
emotionale Zugänglichkeit schaffen, an Vorwissen anschließen, Durchführbarkeit
und Sinnhaftigkeit bedingen und Ergebnisse auf vielfältige Bereiche übertrag-
bar machen (ebd., S. 207). „Vor diesem Hintergrund lassen sich Instruktion und
Konstruktion sinnvoll in einer inklusiven Didaktik mischen" (ebd.). Aktives Lernen fordert und fördert Lernende zu höheren eigenständigen Denkleistungen und
zeichnet sich durch eigenständige und von Lernenden mitbestimmte aktive Tätigkeiten im Sinne nachhaltiger Lernerfolge aus (vgl. Bonwell & Eison, 1991).
Sie stellt die Sinnhaftigkeit passiven Lernens in Frage und verweist auf die
aktive Rolle der Lernenden beim Lesen, Schreiben, Diskutieren und Problem-
lösen. Reich (2014) schlägt in diesem Zuge methodische Wege wie Arbeits- und
Lernwerkstätten, Forschungsclubs, vorbereitete Diskussionen und eine allgemeine
Methodenvielfalt für das aktive Lernen vor. Anregende differenzierte Materialien konstruktivistischen Charakters, die im kooperativen Kollegium erarbeitet
und geteilt werden, finden hier Einsatz. „Im Blick auf die Basisqualifikationen
ist ein barrierefreier Zugang nach der Maßgabe der individuellen Bedürfnisse
der Schüler/innen ausschlaggebend" (Reich 2014, S. 219), welches sich auf das
Lernmaterial, als auch auf die Lernumgebung bezieht. Aus diesem Grund arbeitet
„eine inklusive Didaktik […] verstärkt mit Lernlandschaften – oder mit Lernwerkstätten oder Lernbüros (…), weil sie die Individualisierung des Lernens in einer
heterogenen Schüler/innen/schaft überhaupt erst ermöglichen" (ebd., S. 224).

2.2.3   Inklusionsverständnis

„Jeder Mensch hat das Recht auf Bildung" (Artikel 26 der Allgemeinen Erklärung der Menschenrechte). Nach Empfehlung des Deutschen Bildungsrates verfolgen langfristige Perspektiven einen gemeinsamen Unterricht und die Erziehung behinderter und nichtbehinderter Lernenden. Eine stärkere Integration sonderschulischer Einrichtungen in das Gesamtsystem soll erfolgen, um unzureichende Konzepte und fehlende gesellschaftliche Anstrengungen nicht in Bildungsbenachteiligung resultieren zu lassen (vgl. Deutscher Bildungrat, 1974, S. 23 und Montag Stiftung 2017, S. 22). Als sich die Salamanca Konferenz 1994 von der gesellschaftlichen Exklusion und Separation distanzierte, verfolgte diese Weltkonferenz der Pädagogik für besondere Bedürfnisse das Ziel der Bildung für Alle. Seit der UNO-Generalversammlung 2006 in New York wird hingegen ein tiefgreifender Systemwechsel und das Bildungsrecht angestrebt, das über die Integration hinausgeht und gesellschaftliche Inklusion verfolgt. Seit 2008 tritt dieses Übereinkommen in Kraft und setzt sich für die Rechte von Menschen mit Beeinträchtigungen ein. Inklusion ist seitdem Bildungsrecht und rückt fachwissenschaftlich, wie auch politisch in den Fokus. Die Aufhebung negativer Bewertungen von Beeinträchtigungen und individueller Defizitzuschreibungen sind dabei Leitgedanken. Zentral ist hier auch der Blick auf die mangelhaften Kontextfaktoren – die äußeren gesellschaftlichen Bedingungen – die Menschen mit Beeinträchtigungen separieren und diskriminieren. Trennende Strukturen im deutschen Schulsystem müssen sich durch „Strukturelle Maßnahmen zur Zusammenführen von Förder- und allgemeinen Schulen zu einem inklusiven Bildungssystem" verändern und durch sonderpädagogische Expertisen angereichert werden (Deutsche UNESCO Kommision, 2018). Der Expertenkreis der Deutschen UNESCO Kommission (DUK) für inklusive Bildung gibt Empfehlungen, die sich an die Handelnden im Bund, Ländern, Kommunen und Schulen richten:

(1) „Einen langfristigen Planungsrahmen für ein inklusivesBildungssystem schaffen
(2) Schulen mit einer verlässlichen pädagogischen Grundausstattungversehen
(3) Förderschulen zu Förderzentren entwickeln
(4) Multiprofessionalität in der inklusiven Bildung strukturellverankern
(5) Die inklusiven Bildungsanstrengungen extern begleiten
(6) Den Ganztag als Form inklusiven Lernens fördern" (Deutsche UNESCO Kommission, 2018).

Inklusion und chancengerechte Bildung hat den Anspruch, dass alle Menschen an qualitativ hochwertiger Bildung teilhaben und ihre Fähigkeiten und Kompetenzen entfalten können. Mit der Leitidee „Inklusiver Bildung" verfolgt die UNESCO einen universellen Zugang zur Bildung für alle sowie die allgemeine Förderung von Gerechtigkeit (vgl. UNESCO-Kommission, 2014). „Damit wird der Blick deutlich erweitert, Inklusion wird zu einem allgemeinen Prinzip, und es stellt sich weniger die Frage der Anpassung der Individuen an das bestehende System, sondern mehr die Eröffnung einer Teilhabe an Gesellschaft über die gesellschaftlichen Institutionen" (Kremer 2016, S. 189). Die Kultusministerkonferenz (KMK) hebt zusätzlich ein Verständnis inklusiver Bildung als „gleichberechtigten Zugang für alle und das Erkennen sowie Überwinden von Barrieren" hervor und betitelt Inklusion als gemeinsames Leben und Lernen (Kultusministerkonferenz, 2011). Barrieren sind in diesem Kontext nicht nur rein baulich und konstruktiv zu sehen, sondern treten auch auf Kommunikationsebene und darüber hinaus auf (Abbildung 2.1).

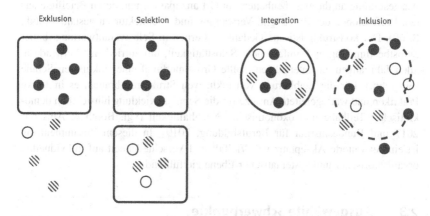

Abbildung 2.1 Inklusionsverständnis

Mögliche Barrieren wären beispielsweise eine Stigmatisierung über sprachliche Zuschreibungen und Diagnosen, die eine eingeschränkte Bildungsbeteiligung nach sich ziehen und folglich einen barrierefreien Zugang in die Gesellschaft verhindern. Gesellschaftlich-relevante (Handlungs-)Situationen, die die Teilhabe aller Menschen ermöglichen, sind daher von großer Bedeutung (vgl. Lindmeier & Lindmeier, 2012). Die Agenda 2030 für nachhaltige Entwicklung, die 2015 durch das Bundesministerium für wirtschaftliche Zusammenarbeit und Entwicklung verabschiedet wurde, beinhaltet in seinen 17 Kernbotschaften unter anderem das Ziel der hochwertigen Bildung, Geschlechtergleichheit, weniger Ungleichheiten und Partnerschaften zur Erreichung der Ziele (Bundesministerium für wirtschaftliche Zusammenarbeit und Entwicklung, 2015). Internationale Absichten für nachhaltige Entwicklung und gesellschaftliche Partizipation werden unter anderem von der Montag Stiftung für ihre Umsetzungsstrategien genutzt, um „Bildungseinrichtungen [zu] bauen und aus[zu]bauen, die kinder-, behinderten- und geschlechtergerecht sind und eine sichere, gewaltfreie, inklusive und effektive Lernumgebung für alle bieten" (Montag Stiftung 2017, S. 23). Wesentlich sind für die effektive Konzeption dieser Bildungseinrichtungen präzise Definitionen der pädagogischen Anforderungen und architektonischen Konzepte. Kersten Reich fasst die wesentlichen Grundlagen und Perspektiven inklusiver Didaktik in zehn Bausteinen zusammen (vgl. Abbildung 2.2). Diese Bausteine können als Grundlage und Leitidee angesehen werden, „wenn der Weg der Inklusion konsequent und nachhaltig gegangen werden soll" (Reich, 2014, S. 59). Dabei ist deren Ausgestaltung an die Begebenheiten vor Ort anzupassen und durch Beteiligte aus den Professionen der Pädagogik, Verwaltung und Architektur zu gestalten (ebd., S. 60). Der konstruktivistische Gedanke, „Lernen in Selbstverantwortung, hoher Selbstbestimmung und umfassender Selbsttätigkeit, um zufriedene" Lernende in allen Jahrgängen zu unterstützen, sollte Grundmerkmal einer inklusiven Schule sein (ebd.). Für die Etablierung von inklusiven Strukturen braucht es inklusive Praktiken und wertegeleitete Ansätze für die Schulentwicklung hinsichtlich demokratischer Teilhabe und ökonomischer Nachhaltigkeit (vgl. Booth & Ainscow, 2017 und Bundesinstitut für Berufsbildung, 2019). In diesem Zusammenhang ist eine erweiterte Akzeptanz von Vielfalt und Verschiedenheit auf individueller, organisatorischer und systematischer Ebene zielführend.

2.3   Ausgewählte Schwerpunkte

Im Folgenden werden für die Konzentration auf Raum und Inklusion unter pädagogischer als auch unter räumlicher Perspektive die Schwerpunkte auf Beziehungsebene, multiprofessionelle Teams, den Ort des Lernens sowie individualisiertes Lernen gelegt. Dabei werden ausgewählte Bausteine nach Reich (2014) sowie die Thesen der Montag Stiftung (2017) verwendet, um die Expertisen von pädagogischer als auch räumlicher Instanz zu verbinden (vgl. Abbildung 2.4: Bausteine nach Reich und Thesen der Montag Stiftung). Die vier gewählten Schwerpunkte werden innerhalb dieses Kapitels „Pädagogik" und innerhalb des

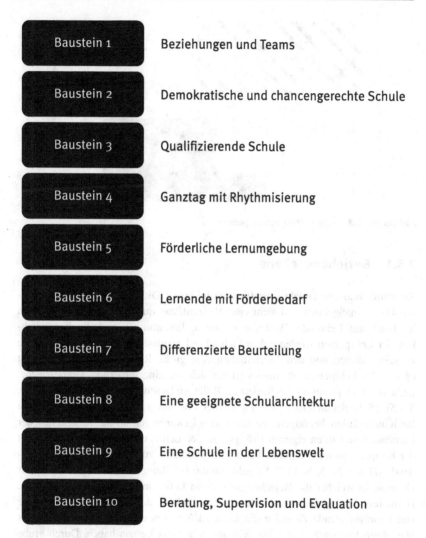

Abbildung 2.2 Zehn Bausteine nach Reich, 2014

Kapitels „Raum" separat betrachtet (Abbildung 2.3). Sie finden Anwendung im empirischen Teil sowie in der abschließenden Diskussion und im Ausblick (Abbildung 2.4).

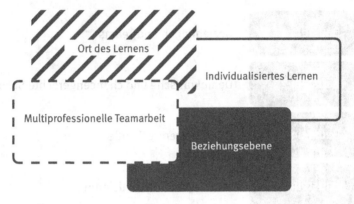

Abbildung 2.3 Ausgewählte Schwerpunkte

2.3.1 Beziehungsebene

Konstruktivistische Didaktik ist für eine inklusive Didaktik – eine Beziehungsdidaktik – maßgeblich und sieht eine Vielzahl von qualifizierenden Merkmalen im Blick auf Lehrende. Wertevorstellungen, Erwartungen und die Persönlichkeit der Lehrperson spielen neben fachlicher Expertise für die Beziehungsebene zwischen diesen und den Jugendlichen eine große Rolle. Grundsätzlich hängt es von der Lehrperson ab, inwieweit sie sich auf eine fördernde, lernbezogene, inklusive und professionell fördernde Rolle einlassen kann (vgl. Reich, 2014, S. 65). „Sehr deutlich ist in der empirischen Forschung, dass Lehrkräfte eine gute Beziehungskultur benötigen, die mit hohen Erwartungen an die Fähigkeiten der Lernenden und ihren eigenen Erfolgen in der Lehre verknüpft ist. Die Qualität der Kooperation und Kommunikation, um Probleme zu lösen, ist dabei entscheidend" (Hattie 2015, S. 117). Es geht um die Erhöhung und Verbesserung dieser Qualität, in welcher die Beziehungsebene im Lehr- und Lernprozess zentral ist. Hattie (ebd.) nennt unter diesen Beziehungsaspekten, dass Lehrende angemessene und herausfordernde Ziele für die Lernenden setzen und ein tiefes Verständnis über ihren Unterricht und seine Wirkungen auf das Lernen haben. Durch große Heterogenität der Lerngruppe ist intensive Beziehungsarbeit wegweisend, weil alle Lernenden berücksichtigt und keine Lernenden vernachlässigt werden sollen. Lernende sind in diesem Zuge in der Lage zu improvisieren, problemlösendes Verhalten an den Tag zu legen und das Lernklima positiv zu beeinflussen, um Lernen zu ermöglichen. Für diese Beziehungskultur ist demokratisches Denken und

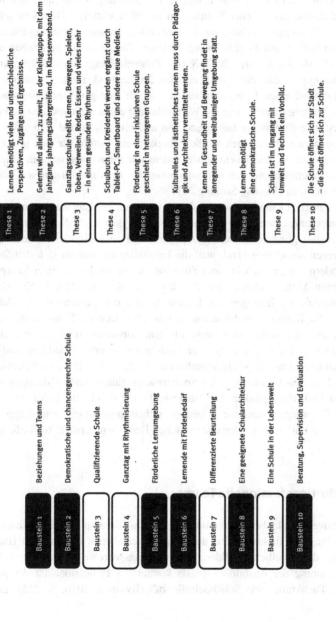

Abbildung 2.4 Bausteine nach Reich (2014) und Thesen der Montag Stiftung (2017)

Handeln grundlegend. Die Achtung der Würde aller Menschen, ein Leben und Lernen in Gemeinschaft, die Wahrnehmung von Meinungen und Interessen und die Wertschätzung persönlicher Sichtweisen ist dabei wichtig. „Demokratisches Handeln vom Einzelnen ‚im Kleinen' ist notwendig, um miteinander in gelingender Kommunikation und Konfliktlösung zu leben, Gemeinschaft zu erleben und zu gestalten" (Montag Stiftung 2017, S. 63). Zuhören, Reagieren und Respektieren – unabhängig ob dies die Kommunikation der Lernenden untereinander oder zwischen Lernenden und Lehrenden betrifft – ist für eine gute Beziehungsebene wesentlich. Wichtig ist außerdem die Wertschätzung eigener Sichtweisen und die Gegebenheit eine Stimme zu haben und von anderen gehört und respektiert zu werden. Jugendliche bekommen so die Fähigkeit, ein Gefühl für sich und ihre eigenen Interessen zu entwickeln sowie andere mit ihren Interessen und Sichtweisen wahrzunehmen und sich mit aufkommenden Konflikten lösungsorientiert auseinanderzusetzen (Montag Stiftung 2017, S. 63).

Beziehungsarbeit kann besonders in Lernsituationen geleistet werden, in denen soziale Kompetenz, Gemeinsinn und Integrationsfähigkeit sowie Selbstverantwortung gefragt sind. „Emotional und sozial positive und wechselseitige Beziehungen sind im Lernen ausschlaggebend, weil die Lernenden nie nur für sich den Stoff lernen, sondern immer auch in einer Situation stehen, in der sie einer Lehrperson und ihren Mitlernenden (…) verbunden sind" (Reich, 2014, S. 67). Gute sozial-emotionale Beziehungen der Lernenden und der Lehrenden sind daher zielführend. Im Kontext von Inklusion ist eine Diversität im Team, in dem die Lehrenden an einer inklusiven Schule arbeiten, notwendig (ebd., S. 66). „Für die Lernenden sind alle Teammitglieder, auch wenn sie unterschiedliche Aufgaben wahrnehmen stets Ansprechpartner/innen" (ebd., S. 93). Die ausschließliche Belegung durch Fachlehrkräfte oder Sonderpädagoginnen und -pädagogen mit bestimmten Fachschwerpunkten wird mehr und mehr durch eine Lehrkraft, „die über hohe Grundlagenkenntnisse in pädagogischen, psychologischen, diagnostischen, sozialen und auch sonderpädagogischen Bereichen verfügt" (ebd., S. 63), ersetzt.

2.3.2 Multiprofessionelle Teams

Eine inklusive Schule bringt Veränderung in das Berufsprofil der Lehrkraft. „Auf dem Weg zur Inklusion sind auf allen Systemebenen und in allen Handlungsfeldern der beruflichen Bildung Veränderungsprozesse erforderlich – bei der Ausgestaltung der Ausbildungspraxis kommt der Professionalität der pädagogischen Fachkräfte eine Schlüsselrolle zu" (Bylinski, 2016, S. 215). Eine entsprechende Förderung durch angemessene personelle Voraussetzungen ist gefragt, denn „Förderung in einer inklusiven Schule geschieht in heterogenen Gruppen" (vgl. Montag Stiftung, 2017) und in multiprofessionellen Teams (MpT). Binnendifferenzierung, Individualisierung und kooperatives Lernen muss durch entsprechende Methoden und Materialien erfolgen, dazu ist eine Zusammenarbeit in MpT nahezu unumgänglich. Eine Lehrkraft muss sich in multiprofessionelle Teams einbringen und fachübergreifend arbeiten (Reich 2014, S. 63). In den Empfehlungen der Expertenkommission Lehrerbildung NRW (2012) ist dazu folgendes zu lesen:

„Eine entstehende Bedingung für das Gelingen einer inklusiven schulischen Bildung ist die Übernahme der pädagogischen Verantwortung für alle Schülerinnen und Schüler durch die allgemeine Schule. Inklusion ist keine sonderpädagogische Aufgabenstellung. Die Aufgabe der Sonderpädagogik liegt in der Unterstützung der allgemeinen Schule für die Bildung und Erziehung von Kindern und Jugendlichen mit spezifischen Förderbedarfen. Damit kommen auf die allgemeine Schule neue Herausforderungen zu, die der Schulentwicklung – und hier insbesondere der Teamentwicklung – haben werden"

(Empfehlungen der Expertenkommission Lehrerbildung NRW 2012, S. 35).

Um die Ziele der Inklusion zu erfüllen, ist ein Wandel der Lehrkraft als Einzelkämpfer bzw. Einzelkämpferin „hin zu kooperativen und teamorientierten Arbeitsweisen zu erkennen" (Reich 2014, S. 91). Befunde qualitativer Forschung bestätigen die Bedeutung von Reflexionskompetenz, als Kernkompetenz pädagogischen Handelns in Bezug auf die Gestaltung subjektorientierter Bildungsprozesse (vgl. Bylinski 2016, S. 215 ff.). Spannungsfelder und Ambivalenzen im Lehrendenteam erschweren ressourcen- und potentialorientierte Sichtweisen der Fachkräfte und können multiprofessioneller Zusammenarbeit entgegenstehen (ebd. S. 228). In diesem Zuge ist der Anwendung von Kooperationstechniken nachzugehen und die Fähigkeit gemeinsame Arbeitsaufgaben zu entwickeln, entsprechende Zielvereinbarungen zu treffen und kollektiv zu verfolgen von besonderer Relevanz (ebd., S. 227 f.). Entsprechende Teams setzen sich aus Lehrkräften verschiedener Professionen zusammen, arbeiten interdisziplinär und ermöglichen jedem und jeder das gemeinsame Lernen. Diese Teams können sich aus Sonderpädagoginnen und -pädagogen, pädagogischen Mitarbeiterinnen und Mitarbeitern, Lehrkräften und weiteren unterschiedlich ausgebildeten Personen zusammensetzten (bspw. Hausmeister/in, Schulsozialarbeiter/in...) (Montag Stiftung, 2017). Dabei wandelt sich das Bild der Lehrperson im Rahmen der inklusiven Didaktik „vom Instrukteur/in (...) zur Rolle als Lernbegleiter/in und Förderer/ in von unterschiedlichen

Individuen" (ebd. S. 51). Die Anforderungen von inklusivem Unterricht können nicht nur von den Fachlehrerinnen und Fachlehrern getragen werden. Ein
multiprofessionelles Team bietet gebündelt eine Hand voll Ressourcen: akku-
muliertes Wissen, ausreichend Zeit, ausreichende Fähig- und Fertigkeiten, ein
unterstützendes Umfeld, Beobachtung und Umsetzung von Planungs- und För-
derungsprozessen für die unterschiedlichen Bedürfnisse der Lernenden, Kontrolle
und Evaluation (Reich 2014, S. 91). Im MpT lassen sich keine klaren Grenzen
von Zuständigkeiten ausmachen, für die Lernenden sind alle im Team Ansprechpersonen. Ein Problem hierbei ist die unterschiedliche Ausbildung und Bezahlung
bei relativ gleicher Betreuungsaufgaben (ebd. S. 93). Um diesen vorzubeugen, rät
Reich (2014) die neue inklusive Schule mit klaren Personalvoraussetzungen zu
planen und diese rechtlich auszustatten. Neben dem eigentlichen Unterrichten
zählt auch die curriculare Planung zu den Aufgaben, die im multiprofessionellen Team behandelt werden können. Das „Lernen jedes Einzelnen stärken"
fordert eine eigene curriculare Planung (ebd. S. 146). „Je mehr Lehrpläne nur von
Experten von außen erstellt werden, desto schwieriger wird oft ihre Umsetzung"
(ebd. S. 151). Dies umfasst die Anpassung an die Lernenden, eine forschende
Haltung der Lehrenden und eine Stoffplanung, die den Anschluss an bereits
erlernte Inhalte gewährleistet, jahrgangsübergreifend gestaltet ist, an unterschiedliche Lernbedürfnisse anschließt und heterogene Gruppen beachtet. Ebenfalls
zählen die Evaluation und der Nachweis über das tatsächliche Lernen der Lernenden zum Beleg einer curricularen Planung. Die Bewältigung dieser Aufgaben lässt
sich am besten im Team lösen (ebd. S. 146 ff.). „Inklusive Schule benötigt klares
und abgestimmtes curriculares Profil, das im Team vorbereitet, geplant, durchgeführt und evaluiert wird" (ebd. S. 152). Dabei kann das Planungsteam durch
Externe (Universitäten; andere Schulen) unterstützt und beraten werden. Vor dem
Hintergrund der ständigen Rechenschaft über Wirkung von Erziehung und Bildung steht die Qualität und Wirksamkeit der Lehre ständig auf dem Prüfstand
und fordert Evaluation, um sich kontinuierlich zu verbessern und Verbesserungsprozesse einzuleiten (ebd. S. 303). Die kollegiale Beratung wird als Grundmodell
der inklusiven Schule eingesetzt. Es ist eine Beratungsform, in der sich Beteiligte
aus einem Praxisfeld bei Schwierigkeiten im Berufsalltag wechselseitig unterstützen und gemeinsam Lösungen generieren. „Eine inklusive Schule verpflichtet sich
zur selbständigen und kontinuierlichen Schulentwicklung" (ebd. S. 310). Inklusive
Schule folgt dem Leitbild des „lebenslangen Lernens" und entwickelt sich ständig weiter (ebd.). Evaluationsinstrumente leiten Verbesserungsprozesse ein, so ist
eine inklusive Schule eine „lernende Schule" (ebd., S. 312). Dabei sollten die
MpTs auf angemessene Bedingungen zurückgreifen können, um die Aufgaben der
Schulentwicklung zu erfüllen. So fordert Reich (2014): „Die Schulentwicklung

sollte durch eine optimierte Architektur dazu beitragen, dass Lernende wie Lehrende angemessen, lernanregende Arbeitsplätze vorfinden, die ihnen die Arbeit
erleichtern und nicht erschweren" (Reich 2014, S. 312).

2.3.3 Ort des Lernens

Der Ort des Lernens bietet die Grundlage für einen lernanregenden Arbeitsplatz.
Die Montag Stiftung (2017) argumentiert innerhalb ihrer Thesen der zentralen
Herausforderungen im Schulbau, dass kulturelles und ästhetisches Lernen durch
Pädagogik und Architektur vermittelt werden muss. „Lernen wird in der Lehr-
und Lernforschung heute nicht mehr als eindimensional sprachlich-logisches oder
mathematisch-operatives Lernen betrachtet" (Montag Stiftung, 2017, S. 54). Die
kulturelle Dimension des Lernens muss einer der zentralen Bestandteile von Bildung sein, die zur Persönlichkeitsentwicklung der Jugendlichen einen wichtigen
Beitrag leisten kann. Innerhalb von Schule sollen diese, neben den sogenannten
Kernfächern, in den weichen Nebenfächern angeregt werden. In praktisch ver-
anlagten Fächern, in denen Aktivität durch Musik, Bewegung und Gestaltung
unterstützt wird, erfolgt das kulturelle und ästhetische Lernen in besonderer Form.
„Durch Tun erfordert ein aktivierendes Lernumfeld, das die Schüler/innen stets
das selbst ausprobieren und experimentieren lässt, was in anderen Fächern oft
bloße Theorie bleiben muss" (ebd. S. 55). Nach Möglichkeit wird den Lernenden
so ein Raum geboten, der ihre Persönlichkeitsentwicklung und sozialen Kompetenzen fordert und fördert. Ergebnisse empirischer Lernforschung zeigen, dass
eine erfolgreiche Schule kontrolliert, welche tatsächlichen Lern- und Entwick-
lungsfortschritte gemacht werden. Sie gibt umfassendes Feedback und bietet eine
Vielfalt an Perspektiven, Zugängen und Ergebnissen (vgl. Hattie, 2009, S. 173 f.)
Nach Hattie (2012, S. 121) sind Aspekte, die eine förderliche Lernumgebung
auszeichnen und zahlreiche fördernde Faktoren angeben unter anderem:

- hohe Erwartungen an alle Schülerinnen und Schüler,
- starke persönliche Beziehung zwischen Lernenden und beteiligten Erwachsenen,
- ein größeres Engagement und eine hohe Motivation der Lernenden,
- ein herausforderndes und anregendes Curriculum, das sowohl abzuleistende
  Bestandteile wie auch ergänzende enthält,
- effektive ganztätige Unterrichtspraktiken für alle,
- ein wirksamer Gebrauch der Daten und Fakten aus dem Feedback der
  Lernenden und der Beteiligten, um das Lernen zu verbessern,

- eine rechtzeitige Hilfe mit minimaler Störung für Lernende mit persönlichen Schwierigkeiten,
- eine feste positive Beziehung der Schule zu den Eltern,
- ein wirksames Engagement mit der umliegenden Kommune.

Neben diesen Aspekten kommt der Lehrkraft eine besondere Bedeutung zu. Innerhalb einer förderlichen Lernumgebung sollte sie die Unterschiede der Lernenden mit ihren individuellen Ressourcen wahrnehmen, wertschätzen und innerhalb einer förderlichen Lernumgebung als Nutzen sehen. Die Lehrkraft sollte sich stets darüber bewusst sein, dass sie durch ihre Anwesenheit und ihre Aktivität das Geschehen im Klassenraum steuert. Reich (2014, S. 219) argumentiert, dass allein schon durch das Betreten des Klassenzimmers die eigenen Entscheidungs- und Wahlmöglichkeiten auf ein bestimmtes Minimum hin organisiert werden. In einem traditionellen Klassenraum entstehen durch strukturelle und räumliche Vorgaben automatisch Hierarchien zwischen Lehrenden sowie den Lernenden untereinander. Diese „Macht" (Foucault, 1978) setzt eine Reflexion der Lehrperson mit sich selbst als ‚Classroom Manager' voraus und ist nicht ganzheitlich zu verhindern. In einseitigen und zu starken Formen sollte sie in einer inklusiven Schule bekämpft werden. „Das Vertrauen in die eigenständigen, kritischen und konstruktiven Seiten der Lernenden wie auch der Lehrenden, wie es die Technologien des Selbst auch herausfordern können, wird hier durch die Lernumgebung wenig angeregt und allein der denkenden Fantasie in ihren Abschweifungen überlassen" (Reich 2014, S. 223). Es entsteht ein Widerspruch von angeblicher Freiheit und Kreativität und tatsächlicher Gebundenheit an einengende Räume. Die Veränderung des Klassenzimmers hin zu einer Lernlandschaft ist vor dem Hintergrund der Machtfrage demokratisch motiviert: je weniger Disziplinierung dominant im Lernen ist, desto mehr gelangen individualisierte Formen des Lernens und damit neue, partizipative und selbstbestimmte Lernumgebungen in den Fokus (ebd.). Im UNESCO-Weltaktionsprogramm „Bildung für nachhaltige Entwicklung (BNE) bestimmt die nationale Bildungsagenda" rückt die Themenvielfalt von Entwicklungszielen in den Fokus der Bildungsarbeit (Deutsche UNESCO-Kommission, 2014). Das Erfahrungsfeld der Jugendlichen soll durch praktische Experimente und das Erleben von Natur in Experimentierfeldern, Werkstätten und Laboren erfahren werden. Als wichtiges Bildungsthema steht zudem die Verständigung über komplexe technische Prozesse und menschliche Wirkungen auf die Umwelt. Hinsichtlich neuer Medien hat sich Schule radikal verändert: „Die Schule hat ihr Monopol für Welterklärung verloren" (Montag Stiftung 2017, S. 47). Es vollzieht sich ein Rollenwechsel der Lehrperson. Vom Vermittler von Wissen bewegt sie sich hin zu einem persönlichen Vorbild in der

Auswahl von geeigneten Inhalten, Materialien und der Deutung dieser Welten. Lehrende gewinnen an Bedeutung, wenn es um die Medienauswahl geht. Arbeits- blätter und Schulbücher werden durch interaktive Lernprogramme und Tablet-PCs ausgetauscht. „Schule ist im Umgang mit Umwelt und Technik ein Vorbild" (ebd., S. 67). Schule soll mithilfe neuer Medien mobilisieren, die Nutzung der perfekten Werkzeuge für Gestaltungskraft begünstigen, und durch die aktive Mediennutzung beispielsweise durch Wikis alle Lernenden zu Produzentinnen und Produzenten werden lassen, indem sie auf besonderen interaktiven Plattformen ihren Lernstoff festhalten, weitergeben und reflektieren (vgl. Reich, 2014).

„Neue Medien ermöglichen den Schüler/innen nur Sekundärerfahrungen – nicht aber wirklich bildende primäre Erfahrungen; die persönliche, aktive Begegnung mit Menschen und Sachen" (Montag Stiftung, 2017, S. 47).

Die Grundmuster für die Normalsituation von Unterricht sind in einer Schule fernab von Radio, Fernsehen, Computer und Handykamera entstanden, die kei- nesfalls von Internet und sozialen Netzwerken, Wikipedia und YouTube geprägt war. In naher Zukunft wird es normal sein, dass ein Tablet-PC den Inhalt des übervollen Schulrucksacks spürbar erleichtert, und die gezielte Verwendung des eigenen Smartphones unproduktive Medienbrüche reduziert (Montag Stiftung 2017, S. 47). Mediale Werkzeuge im Unterricht, wie die elektronische Tafel, das ‚Smartboard' und die Dokumentenkamera haben sich bereits jetzt in der Praxis bewährt. „In jedem Fall werden durch die moderne Informationstech- nologie die Übergänge zwischen formellen und informellen Lernsituationen zunehmend fließend, reale und virtuelle Lernwelten gehen ineinander über" (ebd.). Das beeinflusst vor allem die räumliche Ausstattung der Lernumgebung und bringt mit sich, dass das geistig und materiell traditionelle Klassenzim- mer aufgegeben und starre Formen aufgelöst werden. Die Lernumgebung soll ein anregendes, inspirierendes und kreatives Arbeiten fördern und die Vielfalt von Bedürfnissen durch Multifunktionalität ansprechen. Innerhalb der Lernland- schaft ergeben sich so neue Möglichkeiten für mehr Interaktion und Visuali- sierung: Möglichkeiten zur Herstellung von Lernmaterialien, Dokumentationen, flexible Internetzugänge, Internetplattformen, Bühnen und Ausstellungsflächen, Visualisierungszonen mit Beamer, Möglichkeiten zum schnellen Wechseln der Sozialform, Raumtrennungen sowie Schiebewände und Verglasungen. Eine Bar- rierefreiheit der Lernumgebung nach außen und innen ist eine Herausforderung für alle Länder, die Inklusion mit ihren baulichen Maßnahmen umsetzen. Für neue inklusive Maßnahmen entsteht neuer Raumbedarf, wie entsprechend ausgestattete

Klassenzimmer und Therapieräume. Der jeweilige Bedarf der Lernenden bedingt das Raumangebot (Reich 2014, S. 295) für individualisiertes Arbeiten.

2.3.4 Individualisiertes Lernen

Lernen heißt heute: das staunende eigene Entdecken von Gegenständen und Mustern, von Sachverhalten und Ereignissen, von Zusammenhängen und Versuch und Irrtum, Experimentieren und Ausprobieren sowie Präsentation und Wandel (Montag Stiftung 2017, S. 35). „Dazu benötigt Lernen viele und unterschiedliche Perspektiven, Zugänge und Ergebnisse" (ebd.). Das schulische Lernen hat sich gewandelt: „Ziel einer inklusiven Schule ist es, das Selbst sich so entwickeln zu lassen, dass es zu persönlicher Exzellenz findet, um Chancen einer Selbstbehauptung im nachschulischen Leben zu erhöhen" (Reich 2014, S. 223). Individualisierung ist eine Form der Demokratisierung, jede und jeder kann unabhängig seiner Voraussetzungen lernen, wenn die „Lernchancen genutzt und nicht bloß zur Verstetigung des Systems benutzt werden" (ebd. S. 224). Die zukünftige Schule vermittelt nicht mehr nur Fachwissen, sondern auch Können und Anwendungswissen. Sie vermittelt Kompetenzen des handlungsorientierten Lernens. Wissen ist in der Zeit der Digitalisierung für alle zugänglich, die Vermittlung von Kompetenzen „zum Umgang mit Wissen" liegt im Fokus der Lehre (Montag Stiftung 2017, S. 35). Dazu zählen das eigenständige Beschaffen von Informationen, das Treffen einer Auswahl, die angemessene Verwendung und Nutzung, das Kommunizieren und das gemeinsame kritische Hinterfragen und Weiterentwickeln von Arbeitsprozessen und Ergebnissen (ebd.). Dabei sind kritische Lehrkräfte gefragt, die Individualisierung „nicht als Selbstzweck", sondern als soziales, umfassendes und qualitativ hochwertiges Erziehungs- und Bildungsziel ansehen (Reich 2014, S. 224). Jeder Einzelne und jede Einzelne lernt und ist verschieden. „Unterschiedliche Lernmethoden sind notwendig, um ein handlungsorientiertes, problemlösendes Lernen zu ermöglichen" (Pampe, 2018). Lehrende und Lernende sollen ihre eigenen Lernrhythmen finden, vielfältiges Lernmaterial nutzen und unterschiedliche Wege gehen können (Reich 2014, S. 225). „In wichtigen Phasen des Unterrichts arbeitet jede/r Schüler/in im eigenen Tempo, an unterschiedlichen Themen, auf ganz verschiedenen Wegen, dass zum selben Zeitpunkt am selben Ort auf dieselbe Art und Weise alle das Gleiche lernen sollen" (Montag Stiftung 2017, S. 39). Schule soll individuelle Lernerfahrungen und Erfahrungen in Teamarbeit gestatten. Variierende Aktions- und Sozialformen sollen eingesetzt werden, um individualisiertes Lernen zu ermöglichen und soziale Kompetenzen zu fördern (ebd.). Der Anspruch einer inklusiven Schule liegt darin alle Lernenden umfassend zu qualifizieren. Die Lernenden sollen Fortschritte in unterschiedlichen Lernbereichen sammeln „um zur persönlichen Exzellenz" zu gelangen (Reich 2014, S. 133). Dabei ist laut Hattie die eigene Erwartung der Schülerinnen und Schüler der bestwirkende Faktor im Lernerfolg (vgl. Hattie 2009, S. 43 f.). Vorangegangenes Erlerntes ist wichtig, um den Lernerfolg zu steigern und weiterzuentwickeln. Dies setzt ein effektives Feedbacksystem durch Beobachtung und Beurteilung von Lernfortschritten voraus. Individuelle Zielvereinbarungen, Standortbestimmungen und die daraus abgeleiteten Bedürfnisse und Bedarfe der Lernenden können in individuellen Plänen festgehalten werden und dienen als Rückmeldung des Lernerfolges an die Lernenden (Reich 2014, S. 134). Eine inklusive Schule ist dann eine erfolgreiche Schule, wenn möglichst viele Lernende die für sie möglichst besten Schulabschlüsse erreichen (ebd.). Inklusive Didaktik und individualisiertes Lernen sind in einer förderlichen Schule nicht zu trennen.

2.4 Lernort Berufskolleg

2.4.1 Lernfelddidaktik und Dualisierung

Die Berufswissenschaft von Lehrkräften – Didaktik – umschließt organisierte Lehr- und Lernprozesse und bezeichnet die wissenschaftlich orientierte Bewältigung von Aufgaben in Schule und Unterricht (vgl. Tenberg 2011, S. 18 ff.). Sie bezieht sich im engeren Sinn auf Bildungsinhalte, im weiteren Sinn auf Inhalte, Medien und Methoden. Im Rahmen beruflicher Didaktik gilt es eigentliche Lehr- und Lerninteraktionen (Mikroebene), Gestaltung der Ordnungsmittel, wie Rahmenlehrpläne und Ausbildungsordnungen (Mesoebene) sowie die Funktion von institutionalisierten Lehr-Lernprozessen auf gesellschaftlicher Ebene zu begreifen (Makroebene) (ebd. S. 45). Mit zentralen Prinzipien der Doppelqualifikation und Differenzierung umfasst das Berufskolleg in NRW Bildungsgänge der Berufsschule, der Berufsfachschule, der Höheren Berufsfachschule, des Beruflichen Gymnasiums, der Fachoberschule und der Fachschule. Lernen geschieht „grundsätzlich in Beziehung auf konkretes berufliches Handeln sowie in vielfältigen gedanklichen Operationen, auch gedanklichem Nachvollziehen von Handlungen anderer" (Ministerium für Schule und Weiterbildung des Landes NRW 2004, S. 20). Neben Fachkompetenz, Personalkompetenz, Sozialkompetenz, Methoden- und Lernkompetenz steht vor allem die Handlungskompetenz beim berufsbildenden Lernen im Fokus (ebd.). In handlungsorientiertem Unterricht sollen daher fach- und handlungssystematische Strukturen miteinander verschränkt werden und durch unterschiedliche Unterrichtsmethoden bewerkstelligt werden (ebd.). Um handlungsorientiert zu Lehren und zu Lernen, müssen den Schülerinnen und Schülern Handlungsmöglichkeiten im Fachunterricht geboten werden.

> *„Zentral für die berufliche Bildung ist, wie weitgehend das (Berufs-) Bildungssystem in der Lage ist, jungen Menschen einen Zugang zu beruflichen Bildungsprozessen zu ermöglichen, und wie es gelingen kann, sie erfolgreich zu einem Berufsabschluss zu führen – als Voraussetzung, gesellschaftliche Teilhabe zu erreichen"* (Bylinski, 2016, S. 216).

Nach der jeweiligen Fachdidaktik erfolgt die Vermittlung von Lehrinhalten am Berufskolleg grundsätzlich innerhalb der Struktur von Lernfeldern. Bei der Planung von Unterricht und sogenannten Lernsituationen auf Basis des jeweiligen Lernfeldes und des berufsspezifischen Rahmenlehrplans sind viele Aspekte zu beachten, die den angestrebten Lehr- und Lernprozess prägen und beeinflussen. Mit dem Ziel eigenverantwortliches Handeln bzw. Handlungskompetenzen im Kontext von Lernsituationen, Lern- und Handlungsfeldern auszubilden, werden die Schülerinnen und Schüler an Problemstellungen herangeführt und zielorientiert im Prozess gefordert und gefördert. Die Basis für die konkrete Planung von Unterricht und der jeweiligen Lernsituation ist neben den Zielen des Rahmenlehrplanes und Lernfeldes, sowie den räumlichen Gegebenheiten der Lehr- und Lernumgebung stets die individuelle Ziel - bzw. Lerngruppe.

2.4.2 Zielgruppen und Akteure

Lernende an Berufsschulen verfolgen generell das Ziel einer beruflichen Orientierung bzw. einer zielführenden Berufsausbildung in Teil- oder Vollzeit. Berufsorientierung ist ein lebenslanger Prozess der Annäherung und Abstimmung zwischen Interessen, Wünschen, Wissen und Können des Individuums und den Möglichkeiten, Bedarfen und Anforderungen der Arbeits- und Berufswelt (Brüggemann, 2015, S. 18). Schülerinnen und Schüler an Berufskollegs verfolgen durch ausgewählte Bildungsgänge und fachliche Schwerpunkte ihre berufsspezifischen Interessen bzw. streben an, diese auszubilden. Um eine Gliederung der Inhalte, eine geeignete methodische Konzeption sowie die Sozialformen der einzelnen Unterrichtsphasen bestimmen zu können, muss deshalb die jeweilige Lerngruppe und die Klassenstruktur genauer betrachtet werden. Nach Besuch der Sekundarstufe I besitzen die Jugendlichen vor Ausbildungsbeginn eine berufsspezifische

Eignung bzw. allgemeine Ausbildungsreife oder versuchen diese in Bildungsgängen am Berufskolleg aufzuarbeiten und auszubilden. Im Berufskolleg trifft eine Bandbreite von Schülerinnen und Schülern aufeinander:

- die Ausbildungsvorbereitung (Anlage A) mit weder ausbildungsreifen noch berufsorientierten Schülerinnen und Schülern; ausbildungsreifen, aber nicht berufsgeeigneten Schülerinnen und Schülern; schulmüden Schülerinnen und Schülern usw.
- die Berufsschule (Anlage A) mit Schülerinnen und Schülern mit Ausbildungsvertrag nach BBiG oder HwO;
- die Berufsfachschule (Anlage B) mit Schülerinnen und Schülern im Besitz des HS9/10 oder der Berechtigung zum Besuch der gymnasialen Oberstufe nach Klasse 9 des Gymnasiums
- die Berufsfachschule (Anlage C) mit Fachoberschulreife oder der Berechtigung zum Besuch der gymnasialen Oberstufe nach Klasse 9 des Gymnasiums
- die Fachoberschule (Anlage C) mit Fachoberschulreife oder der Berechtigung zum Besuch der gymnasialen Oberstufe nach Klasse 9 des Gymnasiums und einjährigem Praktikumsvertrag, einschlägiger Berufsausbildung oder beruflicher Tätigkeit,
- das Berufliche Gymnasium (Anlage D) mit Fachoberschulreife mit Berechtigung zum Besuch der gymnasialen Oberstufe oder der Berechtigung zum Besuch der gymnasialen Oberstufe nach Klasse 9 des Gymnasiums
- die Fachoberschule (Anlage D) mit Fachhochschulreife und einschlägiger Berufsausbildung oder beruflicher Tätigkeit
- die Fachschule (Anlage E) mit einschlägiger abgeschlossener Ausbildung oder beruflicher Tätigkeit von mindestens 5 Jahren.

Dabei werden die Ziele der Berufsorientierung, der Ausbildungsreife, der abgeschlossenen Berufsausbildung nach Landesrecht und/oder der verschiedenen Schulabschlüsse vom Hauptschulabschluss HS9 bis hin zur Allgemeinen Hochschulreife verfolgt (Qualitäts- und UnterstützungsAgentur –Landesinstitut für Schule, 2018). Aus dem Berufsbildungsbericht von 2018 geht hervor, dass Berufsschulen als starke Partner der Ausbildungsbetriebe gestärkt werden müssen. Gleichzeitig muss die Schulsozialarbeit intensiviert werden und eine Qualifizierungsoffensive für die Lehrerinnen und Lehrer stattfinden (vgl. Bildungsministerium für Bildung und Forschung, 2018). Insbesondere im „Übergangssystem" zwischen Schule und Ausbildung ergibt sich die Herausforderung weitere und wirksame Konzepte für Wege in die Ausbildung zu finden, um die Arbeitsmarktchancen zu verbessern (ebd.).

Theoriezugang Raumkomponente

3

3.1 Barrierefreiheit im Bildungsraum

Mittlerweile sind die Richtlinien und Standards überholt, lange orientierte sich der Schulbau an Richtlinien der Nachkriegszeit und Raumbedarfe wurden hauptsächlich an Quadratmeterzahlen und anderen qualitativen Gesichtspunkten festgelegt. „Bedarfsberechnungen auf Basis fixierter Flächenindizes verführen jedoch zur Beibehaltung tradierter Funktionszuweisungen sowie räumlicher Stereotypen und verhindern profilgeleitete Schwerpunktsetzungen" (Montag Stiftung, 2017, S. 28). Heute sind die tatsächlichen Raumbedarfe auf die Schule und das Bauvorhaben individuell abgestimmt (Montag Stiftung 2013, S. 71). Die „Richtlinie über bauaufsichtliche Anforderungen an Schulen Schulbaurichtlinie – SchulBauR" vom 5.11.2010 des Ministeriums für Wirtschaft, Energie, Bauen, Wohnen und Verkehr definiert Bestimmungen zum Schulbau. Unter anderem werden hier die Anforderungen an Rettungswege, sowie der Tür- und Flurgestaltung beschrieben (Ministerium des Innern des Landes Nordrhein-Westfalen, 2019). Die Bereinigte Amtliche Sammlung der Schulvorschriften NRW (BASS) und SchulBauR greifen auf die Din 18040 zurück und arbeiten auf dieser Grundlage weitere Richtlinien für die räumliche Schulbauplanung und Gestaltung heraus. „Der Betreiber der Schule muss im Einvernehmen mit der für den Brandschutz zuständigen Dienststelle Feuerwehrpläne und eine Brandschutzordnung anfertigen. Die Feuerwehrpläne sind der örtlichen Feuerwehr zur Verfügung zu stellen" (Ministerium des Innern des Landes Nordrhein-Westfalen, 2019). Ebenfalls findet man in der BASS entsprechende Vorschriften zu Raumbedarfen (vgl. Ministerium für Schule und Bildung des Landes Nordrhein-Westfalen, 2018). Empfehlungen

© Der/die Autor(en), exklusiv lizenziert durch Springer Fachmedien Wiesbaden GmbH, ein Teil von Springer Nature 2021
J. Lengersdorf and A. Hagemann, *Raum für Inklusion*, Forschungsreihe der FH Münster, https://doi.org/10.1007/978-3-658-32666-1_3

und Voraussetzungen sind in der DIN 1804, der „Norm Barrierefreies Bauen"
festgehalten:

*„Die DIN 18040 befasst sich gemeinsam mit weiteren Normen mit der Schaffung der
planerischen und baulichen Voraussetzungen für die Sicherung der im Grundgesetz
und in der UN-Behindertenrechtskonvention gefassten Menschenrechte und Grundfrei-
heiten – insbesondere der Barrierefreiheit, persönlichen Mobilität und unabhängigen
Lebensführung" (HyperJoint GmbH, 2018).*

Diese Norm gliedert sich in drei Teilbereiche, die bestimmte Grundlagen des
barrierefreien Bauens definieren: DIN 18040-1: Öffentlich zugängliche Gebäude,
DIN 18040-2: Wohnungen und DIN18040-3: Öffentlicher Verkehrs- und Freiraum
(ebd.). Da der Schulbau zu den öffentlich zugänglichen Gebäuden gehört, definiert
die DIN 18040-1 diese Gebäude. Darin werden Vorgaben und Empfehlungen für
den Außenbereich, Gebäude, Eingangsbereiche, Verkehrsflächen, Orientierungs-
hinweise, Treppen, Sanitäranlagen und vieles mehr beschrieben. So finden sich
unter Unterrichtsräumen beispielsweise folgende Angaben:

*„Unterrichtsräume sind mit variablen Stühlen und Tischen auszustatten. Die Tische
müssen unterfahrbar sein. Die Durchgangsbreite zwischen den Tischen muss 120 cm
betragen. Ein stufenloser Zugang zur Tafel mit einer maximalen Schreibhöhe von
130 cm ist zu sichern. Alle Ecken und Kanten der Einrichtungsgegenstände sind
abzurunden. Eine kontrastreiche Gestaltung mit hoher Leuchtdichte ist erforderlich. Barrierefreie Nutzung von Computern ist auch für Schüler mit Behinderung
durch geeignete Hardware und Software zu sichern. Höhenverstellbare Tische sind
erforderlich" (HyperJoint GmbH, 2018).*

3.2   Universal Design

„Für die meisten von uns ist Design unsichtbar. Bis es versagt"

Bruce Mau (IDZ, 2018).

Ist es nicht möglich, sich in einem fremden Gebäude zu orientieren, weil
Schilder, Markierungen, Beschriftungen und Übersichtspläne fehlen bzw. diese
unübersichtlich gestaltet sind, fällt die Bedeutung von gutem Design auf. Wenn
beispielsweise Treppen eine Barriere darstellen, obere Stockwerke nur durch
gesonderte Eingänge erreicht werden können und Menschen mit körperlichen
Beeinträchtigungen auf externe Hilfen angewiesen sind, können bauliche Hürden
nur durch Sonderlösungen überwunden werden. Das Universal Design versagt

in solchen Situationen. Mittlerweile „besteht ein generelles Einvernehmen darüber, dass das bauliche Umfeld, die Transportsysteme, die Informations- und
Kommunikationswerkzeuge, Produkte und Dienstleistungen – sprich: die Rahmenbedingungen für das gesamte Alltagsleben – so konzipiert sein müssen,
dass dem größtmöglichen Teil der Menschen eine Teilhabe am gesellschaftlichen
Leben ermöglicht wird" (Design für Alle – Deutschland e. V. 2013, S. 1). Zu diesem Einvernehmen haben internationale Designkonzepte des Universal Designs
beigetragen. Sie zählen seit der UN-Behindertenrechtskonvention 2006, Art. 2
zur gesellschaftlichen Notwendigkeit und fordern ein ganzheitliches Denken
bei der Nutzung aller Räume und Produkte unter allen Umständen für alle Menschen – unabhängig von Alter, Lebenslage, Fertig- und Fähigkeiten (Kling &
Krüger 2013, S. 84). Zurückführen lassen sich die Designkonzepte auf allgemeine
Regeln für eine barrierefreie Gestaltung in der Architektur und im Design.

Universal Design ist ein globales Konzept und unterliegt „weder Standardi-
sierung noch kultureller Uniformität. Vielmehr liegt dem Konzept des Universal
Designs ein sozialer, d. h. ein am Mensch orientierter Gestaltungsansatz zugrunde,
der zum Ziel hat, die gesamte von Menschen für Menschen gestaltete Umwelt
für möglichst viele zugänglich und nutzbar zu machen" (IDZ, 2018). So entwickeln sich nach Region unterschiedliche Konzepte des Universal Designs mit
teils unterschiedlichen Schwerpunkten, welche sich an allen potentiellen Nut-
zern orientieren und die breite Unterschiedlichkeit der Menschheit, im Sinne des
inklusiven Gedankens verfolgen. Dabei ist der Begriff „Inclusive Design" in Groß-
britanien verbreitet, „Universal Design" in den USA gängig und „Design für Alle"
in Europa gebräuchlich (Bernasconi, 2013).

Inclusive Design deckt sich inhaltlich mit dem Konzept des Universal Designs
und unterscheidet sich lediglich in der Begrifflichkeit. Inclusive Design wird eher
als progressiver zielorientierter Prozess, also als ein Aspekt von Marketingstrate-
gien der Designpraxis und dem Genre des Designs, gesehen (Clarkson, Keates,
Coleman, & Lebbon 2013, S. 3).

Für das Universal Design werden sieben Prinzipien aufgezählt:

(1) Breite Nutzbarkeit
(2) Flexibilität in der Nutzung
(3) Einfache und intuitive Benutzung
(4) Sensorisch wahrnehmbare Informationen
(5) Fehlertoleranz
(6) Niedriger körperlicher Aufwand
(7) Größe und Platz für Zugang und Benutzung
    (vgl. Kling & Krüger, 2013, S. 85)

Universal Design ist als Prozess zu verstehen, der sich dem Optimum annähert und dabei eine Herausforderung für alle darstellt, die sich an Gestaltung beteiligen. Dieses Designkonzept vertritt eine marktwirtschaftliche und soziale Komponente (Bernasconi 2013, S. 4). Die Gestaltung von Produkten für möglichst viele Nutzerinnen und Nutzer, die an möglichst viele Nutzer vertrieben werden können steht im Vordergrund. Design für Alle (DfA) baut auf dem Konzept des Universal Designs auf und folgt der Leitidee des ganzheitlichen Denkens. DfA konzentriert sich – wie auch die anderen Konzepte – auf die Entwicklung einer inklusiven Gesellschaft. Die Konzeption verfolgt die Idee „Produkte des alltäglichen Lebens so zu gestalten, dass Menschen mit Behinderung keine Sonderlösungen bei der Verrichtung alltäglicher Dinge benötigen, sondern vielmehr in der allgemein üblichen Weise teilhaben" und grundsätzlich von einer heterogenen Zielgruppe ausgegangen wird (Bernasconi 2013, S. 5). Bei der Umsetzung konkreter Projekte, beispielsweise der Strukturierung von Lebensräumen, wie Schule, liegen die Herausforderungen in der Einbeziehung aller Beteiligten in den gesamten Gestaltungsprozess und der Berücksichtigung unterschiedlichster Zielgruppen. Jeder kann eigene Ideen und Erfahrungen einbringen. Durch den Austausch und die gegenseitige Inspiration werden Innovationsprozesse positiv beeinflusst. So wird sichergestellt, dass alle Beteiligten sich mit der gefundenen Lösung identifizieren können. Dabei beschränkt sich DfA nicht auf einzelne Teilbereiche, sondern muss jeden einzelnen Bereich der Gesellschaft durchdringen. Zu Beratenden, die als Vermittelnde agieren und ihre eigene Expertise in Planungsprozesse einbringen, wird geraten (vgl. Design für Alle – Deutschland e. V., 2013, S. 5). So ist es nicht abwegig, dass architektonische und designspezifische Begrifflichkeiten wie „Design für Alle" und „Universal Design" ihre Wege in die inklusive Didaktik gefunden haben. Die oben aufgeführten Prinzipien werden durch die Sichtweise der inklusiven Didaktik ergänzt:

(1) gleicher und gerechter Gebrauch
(2) Flexibilität im Gebrauch
(3) Einfacher und intuitiver Gebrauch
(4) Sensorisch wahrnehmbare Informationen
(5) Fehlertoleranz
(6) Niedriger körperlicher Aufwand
(7) Größe und Platz für Zugang und Benutzung
       (Reich 2014, S. 237)

Lernen und Lehren nach Universal Design kann demnach so organisiert werden, dass größtmöglich und ohne Adaption oder spezielle Anpassung Bildung für alle

Schülerinnen und Schüler zugänglich gemacht wird und Inklusion mit einer qualitätsvollen Schule zu einem Gewinn für alle wird (vgl. Plaute 2016, S. 261). Universal Design ist der Schlüssel, um diese qualitätsvolle Schule zu gestalten. Gerade wenn Schule Lerngegenstände, Lernräume und Lernprozesse nach Gesichtspunkten der Förderung aufbauen will, eignen sich inklusive didaktische Ansätze und Universal Design, um eine erste Standortbestimmung durchzuführen und die Orientierung für die weitere Planung zu ermöglichen.

3.3 Veränderung der architektonischen Auffassung von Bildungsbauten

„Architektur war und ist ein Spiegel ihres Umfeldes und ihrer Zeit" (Ministère de l'Éducation nationale de l'Enfance et de la Jeunesse, 2018, S. 4).

Die Schulbauarchitektur der 1970er Jahre spiegelt ein klares Konzept wieder, das den Frontalunterricht voraussetzt und die Klassenzimmer entlang langer Flure anordnet. Räume sind an einer Kreidetafel meist hinter dem Pult der Lehrenden ausgerichtet und lassen durch die tradierte Tischanordnung in parallelen Reihen meist keine flexiblen Möbelelemente zu. Entsprechende Konzepte mit den Prinzipien „die Lehrkraft steht vorne", „Flure sind zum Flüchten da" und „der Klassenraum ist quadratisch" haben sich bis heute in der Mehrzahl der Schulen in Deutschland nicht verändert. Die Lebenswelt der Kinder und Jugendlichen hat sich seither radikal geändert – das Modell schulischer Bildung und vor allem die räumliche Anordnung bleibt dem gegenüber jedoch weitgehend konstant (vgl. Burow, 2014). Frontalunterricht wird längst durch problemlösendes und selbständiges Lernen in unterschiedlichen Sozialformern erweitert. Die Entwicklung alternativer Modelle und Lernraumkonzepte zur Förderung von individualisiertem und problemlösendem Lernen ist gefragt. Zugleich soll schulischer Raum eine Grundlage bieten, um Lernerfolg zu fördern und kreatives innovatives Lernen zu ermöglichen. Pädagogische Grundlagen wie Inklusion, Vielfalt und Wohlbefinden der schulischen Akteure fließen in die architektonische Planung mit ein. Es zeigt sich ein zeitgenössischer Trend, der sich von der klassischen Flur- Klassenraumstruktur hin zu alternativen Lernumgebungen vollzieht. Das Konzept „Raum als dritter Pädagoge" (vgl. Abschnitt 2.2.1) zeigt unter anderem, dass ein interdisziplinärer Austausch zwischen Pädagogik und Architektur unabdingbar ist, um funktionelle Lernumgebungen für Schülerinnen und Schüler sowie Lernbegleiterinnen und Lernbegleiter zu ermöglichen. Im Rahmen der Schulbauplanung gilt es bauliche und pädagogische Ansätze abzustimmen und sie ineinandergreifen zu lassen. Die Montag Stiftung bietet hierzu zahlreiches Material zur Unterstützung dieser Prozesse und der sogenannten Phase 0. Im umfassenden Werk „Schule Planen und Bauen" (Montag Stiftung, 2017) wird diese Phase der kooperativen Planung zwischen schulischen Akteuren und Bauplanenden veranschaulicht und durch die zehn Thesen, die zentrale Herausforderungen für die Partnerinnen und Partner im Schulbau darstellen ergänzt. „Die folgenden Thesen behandeln zehn Aspekte, die an der Schnittstelle von Pädagogik und Architektur entscheidende Weichenstellungen für einen Schulbau darstellen" (Montag Stiftung 2017, S. 33) (Abbildung 3.1).

Für jedes individuelle Aus-, Um- und Neubauprojekt braucht es kreative und individuelle Lösungen, die mit allen Beteiligten zu erarbeiten sind. Diese Ideen leben auch nach der baulichen Umsetzung von Wandlungsfähigkeit und einem „Gerüst zum Weiterbauen" (vgl. Montag Stiftung, 2012). Pädagogische Architektur setzt eine Auseinandersetzung mit den individuellen Bedürfnissen der Nutzerinnen und Nutzer voraus und ist veränderungsfähig. „Der Bau von Bildungs- und Betreuungseinrichtungen entspricht damit einer offenen, umfassend entwicklungsfreundlichen Konzeption", die sich mit den drei Handlungsfeldern „Raum zu Unterrichten", „Raum zum Leben", und „Öffentlicher Raum für Bildung" befasst (vgl. Ministère de l'Éducation nationale de l'Enfance et de la Jeunesse 2018, S. 7). Internationale Studien belegen (vgl. Hattie, 2012; Blincoe, 2008 und Buckley, Schneider, & Shang, 2005), dass Akustik, Temperatur und ein einladendes, motivierendes Umfeld einen wichtigen Beitrag zum Lernerfolg leisten. Auch im späteren Arbeitsleben der Schülerinnen und Schüler wird eine angenehme Arbeitsumgebung und Flexibilität verlangt, die durch Architektur und Design gelöst werden kann. Variabilität als übergreifender Begriff ist in diesem Kontext zentral (vgl. Kricke, Reich, Schanz & Schneider, 2018). Architektonische Konzepte werden verlangt, die eine Lernumgebung anpassbar und adaptiv machen sowie den unterschiedlichen Nutzungsanforderungen, Begabungen und den Bedürfnissen der Zielgruppe gerecht werden. Im Bestfall lässt diese architektonische Variabilität eine Vielfalt von unterstützenden Fördermaßnahmen zu und bietet individuell wählbare Zugänge für alle Lernenden. Es besteht zusammenfassend eine Herausforderung, die einer Vielzahl von Aktivitäten und räumlich adaptiven Konzepten bedarf und Flexibilität funktional und räumlich präzisiert (ebd.). Sie reagiert auf gesellschaftliche Veränderungen, neue Konzepte und erlangt pädagogische Architektur – stets ausgerichtet an den Akteuren und pädagogischen Leitlinien der Bildungseinrichtung.

These 1	Lernen benötigt viele und unterschiedliche Perspektiven, Zugänge und Ergebnisse.
These 2	Gelernt wird allein, zu zweit, in der Kleingruppe, mit dem Jahrgang, jahrgangsübergreifend, im Klassenverband.
These 3	Ganztagsschule heißt Lernen, Bewegen, Spielen, Toben, Verweilen, Reden, Essen und vieles mehr – in einem gesunden Rhythmus.
These 4	Schulbuch und Kreidetafel werden ergänzt durch Tablet-PC, Smartboard und andere neue Medien.
These 5	Förderung in einer inklusiven Schule geschieht in heterogenen Gruppen.
These 6	Kulturelles und ästhetisches Lernen muss durch Pädagogik und Architektur vermittelt werden.
These 7	Lernen in Gesundheit und Bewegung findet in anregender und weiträumiger Umgebung statt.
These 8	Lernen benötigt eine demokratische Schule.
These 9	Schule ist im Umgang mit Umwelt und Technik ein Vorbild.
These 10	Die Schule öffnet sich zur Stadt – die Stadt öffnet sich zur Schule.

Abbildung 3.1 Zehn Thesen der Montag Stiftung, 2017, S. 33

3.4   Ausgewählte Schwerpunkte

Die hier ausformulierten Schwerpunkte bilden das räumliche Pendant zu den in der Pädagogik beleuchteten Schwerpunkten inklusiver Schule (Abbildung 3.2). Der Fokus dieses Kapitels liegt auf der Auseinandersetzung mit der Beziehungsebene, dem MpT, dem Ort des Lernens und dem individualisierten Lernen in Bezug auf den Raum. Auch hier bilden die Werke von Reich (2014, 2017) und die der Montag Stiftung (2012, 2013, 2017) zentrale Pfeiler. Das Zusammenspiel von Pädagogik und Raumgestaltung findet sich auf dieser theoretischen Basis im empirischen Teil sowie in der abschließenden Diskussion und im Ausblick wieder.

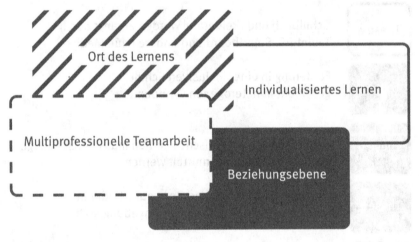

Abbildung 3.2 Ausgewählte Schwerpunkte

3.4.1   Beziehungsebene

Grundlegend für die Arbeit in multiprofessionellen Teams ist das Lernen vor Ort und das Konzept des individualisierten Lernens. Diese Schwerpunkte, sowie die Beziehungsebene der Lernbetreuenden und Lernenden untereinander wie auch miteinander, lassen sich mithilfe durchdachter Raumangebote unterstützen. Die Wertschätzung aller und ihrer individuellen Fähigkeiten müssen auch in diesem Kontext beachtet werden und den betreuenden Lernbegleitenden durch räumliche

Angebote Unterstützung bieten. Flächen für sonderpädagogischen Förderbedarf, wie Ruhe- und Bewegungsräume, gemeinsame Anordnung von Arbeitsplätzen für Pädagoginnen und Pädagogen, Beratungs- und Therapieräume, barrierefreie Sanitäranlagen und viele weitere Raumbedarfe sollen integriert werden (vgl. Montag Stiftung, 2017, S. 52). Wie bereits in Abschnitt 2.3.1 verdeutlicht, lebt die Demokratie an einer Schule vom Zusammenspiel ‚im Kleinen'. Unterschiedliche Versammlungsräume der Schule schaffen so Angebote, um die Gemeinschaft der Schülerinnen und Schüler untereinander, der anderen Akteure vor Ort und auch Gäste zusammenzubringen. Im Schulalltag sollte dies nach These 8 der Montag Stiftung (2017, S. 64) „Demokratisches Lernen benötigt eine demokratische Schule" verankert sein:

- „ausreichend große Plätze innen und außen, auf denen die Schule sich versammelt und durch Feiern und gemeinsame Veranstaltungen ihr Schulleben aktiv gestaltet,
- Bereiche für einen informellen Austausch;
- Räume für die Schüler*innenmitverwaltung, Streitschlichter*ausbildung, Schüler*tutoren, Informationsflächen an Schlüsselstellen sowie Ausstellungsbereiche verteilt auf dem Schulgelände innen und außen;
- Ein Intranet, das in der Schule und von außen jederzeit zugänglich ist und Schüler/innen und Mitarbeiter/innen einen eigenen Zugang mit Speicherplatz bietet;
- (Eltern)Sprechzimmer oder ‚Elterncafé'".

Es entstehen informelle Kommunikationsorte und Treffpunkte, die sich durch Nutzungsrituale auszeichnen und von allen Lerngruppen zu unterschiedlichen Zwecken angenommen werden können. Auch in formellen Lernorten sollte die Beziehungsebene durch andere als die tradierten Raumstrukturen unterstützt werden. Reich (2014, S. 67) schlägt vor, dass durch Zusammenlegung mehrerer Klassen ein Stammbereich oder ein Homebase geschaffen werden kann. In dieser ist nicht nur die Beziehungsarbeit der Schülerinnen und Schüler untereinander betroffen, sondern auch die des Kollegiums. Unterschiedliche Spezialisierungen arbeiten auf einer Fläche zusammen und müssen zwangsweise in einem Team funktionieren, um die Breite der Lernbedürfnisse bedienen zu können. Eine gute Beziehungsebene, der gegenseitige Respekt, sowie das Vertrauen untereinander sind hier zentral. Die Räumlichkeiten einer inklusiven und nachhaltigen Schule müssen in diesem Zuge die Kommunikation und Beziehungsarbeit aller schulischen Akteure begünstigen und Orte schaffen, die von zufriedenstellender Architektur und durchdachtem Design leben.

3.4.2 Multiprofessionelle Teamarbeit

„Inklusion ist weder räumlich noch personell ein Sparmodell" (Montag Stiftung 2017, S. 52). Aus pädagogischer Perspektive erfordert Inklusion eine Zusammenarbeit im MpT, um das tägliche Lernen und Lehren individualisiert zu gewährleisten. Durch die Veränderung der Tätigkeiten und Zusammensetzung der betreuenden und lehrenden Personen ändert sich die Zusammenarbeit. Es entstehen multiprofessionelle Teams – anknüpfend werden Arbeitsplätze, Besprechungs- und Erholungsflächen Teil des Raumprogramms einer Schule (Pampe, 2018). Damit gehen neue räumliche Anforderungen einher, die die Architektur durch genügend, organisierte, ausgestattete und ausreichend große Räume unterstützen kann. Vielerorts wird Inklusion oft in der räumlichen Perspektive nur auf Barrierefreiheit, Bewegungsflächen, Maße und Leitsysteme bezogen (vgl. Abschnitt 3.1). Die Raumgestaltung kann jedoch in der Arbeit im MpT und mit heterogenen Gruppen unterstützen. Sie schließt an aktuelle pädagogische Diskurse an und schafft Räume zur Öffnung und Differenzierung – beispielsweise in Form von Clustern (vgl. Abschnitt 5.3.2). Sie ermöglicht Austausch und Kommunikation, bietet Rückzugsräume und vieles mehr. Diese neuen Anforderungen müssen in der Planung des Um-, Aus- oder Neubaus berücksichtigt werden. Dabei unterscheiden sich die konkreten räumlichen Anforderungen, die aus der Inklusion resultieren, nicht grundlegend von den Bedarfen, die allgemeinbildende Schulen haben, denn „vielmehr erweitern sie diese" (Montag Stiftung, 2017, S. 52). Besonders wichtig bei der Planung inklusiver Schule ist die Partizipation aller Betroffenen (Reich 2014, S. 289). Dies umschließt alle Akteure, die im Alltag der Schule auf irgendeine Art und Weise präsent sind. Die Akteure entwickeln gemeinsam ihr pädagogisches Nutzungsmodell und verfestigen ihren pädagogischen Leitfaden. Im Dialog mit den Architekten und der Verwaltung wird inklusive Schule geplant. Dabei wird von den pädagogischen Grundthesen ausgegangen und nach dem jeweiligen pädagogischen Bedarf ein Raum entworfen. Die von der Montag Stiftung (2012) aufgestellten Thesen zur Architektur von zukunftsfähigen Bildungsbauten finden eine Reihe an Überschneidungspunkten mit Reichs (2014) entwickelten Leitideen, die er in zehn Bausteinen für eine inklusive Schule benennt. Die Planungs- und Findungsphase des eigenen pädagogischen Konzeptes und deren Anforderungen an den Raum werden von der Montag Stiftung als Phase 0 deklariert. In dieser Phase finden Exkursionen an bereits bestehende inklusive Schulen statt, um erstes Praxiswissen zu erwerben. Hervorzuheben ist die Organisation der Prozessbeteiligung. Alle Professionen sollen ihre Expertise in den Planungs- und Bauprozess einfließen lassen, sodass eine Identifikation mit der entstehenden Schule stattfindet. Ein wichtiger Punkt ist die

Kommunikation. Da alle Beteiligten aus unterschiedlichen Professionen stammen, muss ein Weg der Kommunikation gefunden werden, der den Bau einer inklusiven Schule nach den Bedarfen aller Beteiligten gestattet (vgl. Montag Stiftung 2017, S. 49). Nicht nur in der Planungsphase, sondern auch im Schulalltag spielt Kommunikation eine große Rolle. Kommunikative Orte müssen geschaffen werden, die alle Beteiligten beim Lehren und Lernen unterstützen. „Die Demokratie im Kleinen lebt vom Zusammenspiel unterschiedlicher Versammlungsräume, die im Schulalltag erforderlich sind" (Montag Stiftung 2017, S. 64). Zu diesen Anforderungen zählen notwendige Raumbedarfe wie Orte, an denen sich Lehrkräfte und MpTs treffen, individuelle Arbeitsplätze für Lehrende, informelle Treffpunkte und weitere (vgl. Reich, 2014, S. 290). „Formelle und informelle Kommunikationsorte überlagern sich, entziehen sich einer finalen Festlegung und wandeln sich mit den Nutzungsritualen" (Montag Stiftung, 2017, S. 64). Alles sollte so ausgerichtet sein, dass soziale Integration und gleiche Bildungschancen ermöglicht werden können.

3.4.3 Ort des Lernens

Schulen als öffentliche Gebäude und Ausdruck baukultureller Produktion einer Gesellschaft dokumentieren den Stellenwert von Bildung, sind Repräsentation zeitgenössischer ästhetischer Setzungen und gelten als kulturstiftende Orte (Montag Stiftung, 2017, S. 56).

„In den 10.000 bis 15.000 Stunden eines üblichen Schülerlebens können sie tagtäglich unmittelbar eine kulturelle und ästhetische Kraft entfalten, die weit über jeden kunstgeschichtlichen Unterricht hinausgeht. Schulgebäude haben Vorbildcharakter und sind baukulturelle Anschauungsobjekte einer gebauten Umwelt im Maßstab 1:1" (Montag Stiftung, 2017, S. 56).

Erst im Gebrauch realisiert sich Architektur auf ästhetischer und funktioneller Ebene. Materialität, Licht, Farbigkeit, Proportion, Fügung und Details sind nur einige der zentralen Elemente, die Atmosphäre, Spielräume, Leerstellen, Kapazitäten und Szenarien kreieren. „Jenseits von vordefinierten Repräsentationsmodellen – eine Schule sieht eben aus wie eine Schule" (Montag Stiftung, 2017, S. 56) muss die Gestaltung und Nutzung des Bauobjektes überdacht werden. Dafür ist von den zeitgenössischen Lernformen auszugehen, an die sich die räumliche Planung anpassen muss. Zielführend ist dabei eine Mehrfachnutzbarkeit der Räumlichkeiten, die sich von der tradierten monofunktionalen Zuweisung

der Klassenräume distanziert (Pampe, 2016). Schule braucht Räumlichkeiten für
selbständiges Arbeiten, das Lernen in Klein- und Großgruppen sowie Raum für
Identifikation und Präsentation. Neben viel Offenheit und einer breiten Fläche
braucht sie Raum für Rückzug, überschaubare Einheiten und eine Gestaltung,
die Identifikationspotential erlaubt. „Lernorte müssen einen zügigen Wechsel
unterschiedlicher Lern- und Unterrichtsformen ermöglichen. Neue Anforderungen
brauchen andere und nicht nur zusätzliche Räume" (Pampe, 2016). Tragfähige
inhaltliche Konzepte, die Effizienz, Bedarfsgerechtigkeit und Zukunftsfähigkeit
des Bauvorhabens voraussetzen, sind gefragt. In der wissenschaftlichen Forschung
findet sich zum Thema Schularchitektur im Fokus der Lehr- und Lernforschung
und Unterrichtsqualität kaum empirisches Material. ‚Best-Practice-Modelle' wie
„Schule Planen und Bauen 2.0" (Montag Stiftung, 2017), Nominierte und Gewin-
ner des Schulbaupreises NRW und Publikationen wie „Building to Educate –
School, Architecture & Design" (Kramer, 2019) bieten jedoch Beispielkonzepte
und Prozesserfahrungen. Aktuell benötigt es vor allem Konzepte, die sich einer
inklusiven Schule und entsprechender pädagogischer Konzeptionen anpassen (vgl.
Reich, 2014, S. 288). Nach Reich (2014, S. 288) funktioniert inklusiver Schulbau auf zwei Ebenen: Auf Ebene der Barrierefreiheit, die auf ganz konkrete
Anforderungen zur Erschließung von Bewegungsflächen, vorgeschriebenen Öff-
nungsmaßen sowie geeigneten Leitsystemen und Bedienelementen ausgerichtet
ist und der ‚weichen' Kriterien, die für die Unterstützung heterogener Gruppen sowie für Öffnung und Differenzierung stehen. „Grundsätzlich soll eine
inklusive Schule als ein Lebens- und Arbeitsbereich konzipiert werden, der Lernenden wie Lehrenden nicht nur Instruktionsräume, sondern Raumperspektiven
mit unterschiedlichen Aktions- und Rückzugsflächen bietet, in denen sehr unterschiedlichen Bedürfnissen entsprochen werden kann" (Reich, 2014, S. 291). Eine
inklusive Schule sollte in der Gestaltung der Lernumgebung Felder und Flächen eröffnen, die die eigene Gestaltungslust der Jugendlichen herausfordern
und eine Chance bieten Spuren hinterlassen zu können (ebd. S. 292). Zugleich
sind bei der Planung Kriterien der Nachhaltigkeit, im Sinne von ökologischer,
ökonomischer, sozialer, funktionaler und technischer Qualität zu beachten (vgl.
Montag Stiftung, 2017), denn „erst in der Verschränkung technischer Sanierung,
pädagogisch-organisatorischer Reorganisation und gestalterischer Erneuerung liegen die zentralen Entwicklungschancen für zukunftsfähige Schulen" (Montag
Stiftung, 2017, S. 68). Auch die digitale Medienentwicklung beeinflusst den Ort
des Lernens maßgeblich und hat Auswirkungen auf deren Nutzung, die bei Um-
und Neubau zu berücksichtigen sind. Insbesondere die Kommunikation im und
um das Lernen verändert sich, wenn der Ort des Lernens nicht nur materiell, sondern auch virtuell durch neue Medien und Kommunikationsstrukturen verändert

wird. „Es ergeben sich hybride Lernumgebungen, in denen sich beide (materiell und virtuell) verschränken" (ebd. S. 48). Medien spielen somit eine große Rolle und erreichen pädagogische Leitziele der Individualisierung, Differenzierung, Selbstorganisation und Eigenverantwortung auf einer neuen Ebene und tragen zur Flexibilisierung räumlicher Strukturen bei. Gesonderte Computerräume werden auf Dauer durch Laptop- und Tablet-Klassen ersetzt und nach Bedarf nur noch als spezielle Fachräume erforderlich sein (ebd.). „Multimediale Medien werden für eigene Produktionsmöglichkeiten und vernetzt mit Kunstraum, Technik- und Naturwissenschaften, Bibliothek und Theater bereitgestellt, der Werkraum in einem stausicheren Nebenraum durch einen 3D-Drucker und eine Robotics-Werkstatt ergänzt" (ebd.). Durch die räumlich variable Verfügbarkeit von Wissen wird der Ort des Lernens unabhängiger und weniger an der Lehrperson in der Rolle als Wissensvermittlerin bzw. Wissensvermittler ausgerichtet. Es entstehen informelle und diverse Räume, die vor allem für ältere Schülerinnen und Schüler mit individuellen Bedürfnissen und Ressourcen von Interesse und Bedeutung sind.

3.4.4 Individualisiertes Lernen

Gerade die pädagogische Ausrichtung zum individualisierten Lernen erfordert individualisierte Raumlösungen, die jeder und jedem das Lernen und Lehren ermöglicht. „Zeitgemäße Schulen ermöglichen unterschiedliche Wege, Orte und Perspektiven des Lernens" (Montag Stiftung 2017, S. 9 Leitlinien). Jede und jeder lernt anders und bevorzugt unterschiedlichste Methoden und Orte. Dem einher geht die Frage der räumlichen Organisation. „Das traditionelle Klassenzimmer als weitgehend statischer Instruktionsraum wird zum dynamischen Umbauraum, in dem unterschiedliche Lernformen möglich sind" (Montag Stiftung 2017, S. 36). Die Vielfältigkeit heutiger Lern- und Unterrichtsformen führen zu Raumansprüchen, die dem herkömmlichen Modell eines Klassenraums nicht mehr genügen (Montag Stiftung, 2017, S. 26). Der Unterrichtsraum wird mehrfachnutzbar und dient als Werksatt und Bühne. Er überschneidet sich in seinen Nutzflächen, verschiedene Sozial- und Organisationsformen können parallel stattfinden. „Die Verflechtung erfordert eine Perforation der Grenzen – sei es nun durch große (meist offene) Türen, transparente Wandelemente oder Schiebe-/Faltwände" (Montag Stiftung 2017, S. 40). So verlangt eine individualisiert ausgerichtete Pädagogik eine passende Lernumgebung, die durch architektonische Erfordernisse hinsichtlich Durchlässigkeit und Transparenz, architektonische

Trennung, brandschutztechnische Sicherheit und angepasste Ausstattungsstandards und Möblierung schaffen lässt. Die Sichtbeziehung zwischen den einzelnen Zonen garantiert eine flexible Organisation unterschiedlicher Unterrichtsphasen des Lernens und Arbeitens. So müssen Leitbild und Raumgestaltung einander unterstützen, um individualisiertes Lernen für jede Einzelne und jeden Einzelnen zu ermöglichen und sie bzw. ihn zum Erreichen ihrer bzw. seiner persönlichen Exzellenz zu verhelfen.

3.5   Orientierung im Raum

Wir leben in einer Zeit, in der aufgrund der steigenden Globalisierung immer mehr, immer mobilere Menschen in unbekannten Welten Orientierung finden müssen.

„Sich orientieren ist nicht eine Gabe, ein Vermögen, das man hat oder nicht. Es ist eine Voraussetzung, überhaupt existieren zu können. Die Ansprache auf jede Art von Umfeld ist ein Teil unserer Existenz. Mit jeweiliger Ortsbestimmung leben ist die Voraussetzung unserer Freiheit, unseres Selbstbewusstseins. Zu wissen, wo ich bin, wo ich mich befinde, ist die Voraussetzung dafür, wohin ich mich zu bewegen habe, so oder so“ (Aicher, 1982).

Transitorische Orte werden immer gigantischer und oft unübersichtlicher, die Signaletik deshalb immer bedeutender. Sie verfolgt den Zweck der räumlichen Orientierung großer komplexer Gebäude oder Arealen, wie beispielsweise Flughäfen, Bahnhöfen, größeren Bürogebäuden und Bildungsbauten. Als transitorisch sind unter anderem Schulen zu betiteln, da sie eine relativ große Masse der Gesellschaft erreichen, von kontinuierlichem Wandel betroffen sind und einen zentralen Anlaufpunkt für soziales Geschehen darstellen. Ein intelligentes Schulgebäude ist ein kommunizierendes Gebäude, in dem Menschen über die Möglichkeit verfügen, mit dem Gebäude in Kommunikation zu treten. Ein leistungsfähiges Schulgebäude ist ein Ort, an dem sich alle Beteiligten unabhängig von ihren individuellen Voraussetzungen orientieren, lernen und wohlfühlen können. Ein Wohlbefinden, das unabdingbar für effektives und nachhaltiges Lernen ist, resultiert aus funktionalen, sozialen und ästhetischen Qualitäten des Schulgebäudes (Montag Stiftung 2013, S. 17). Orientierung im Raum funktioniert dann, wenn sie selbsterklärend ist und die gewählte Struktur bereits bei der Planung integriert wird. Gezielte Orientierungs- und Leitsysteme, die mit den Mitteln von Farbe, Form, Fläche und Linie arbeiten, schaffen klare räumliche Strukturen, Wegeführungen und eine gezielte Orientierung innerhalb und außerhalb des Schulgebäudes. Dabei ist zwischen den Begrifflichkeiten „Orientierungssystem" und „Leitsystem" zu unterscheiden. Orientierungssysteme richten sich nach suchenden Akteuren innerhalb von Gebäuden, stellen Hilfen für die räumliche Orientierung und ein passives Angebot dar, „das man nutzen kann – aber nicht muss" (Henkel, 2018, S. 6). Ein Leitsystem dringt sich dagegen aktiv auf und führt die Besuchenden unselbstständig durch ein Gebäude (Uebele 2006, S. 9). Dabei wird der Begriff Leitsystem oft in Verbindung mit taktilen Leitsystemen benutzt, die die Besuchenden deutlich von A nach B leiten (Henkel, 2018, S. 6). Nach Möglichkeit arbeiten diese Systeme inklusiv und schaffen es eine breite Zielgruppe anzusprechen. So erreichen beispielsweise Piktogramme und Farbleitsysteme einen Zugang für Kleinkinder sowie funktionelle Analphabeten. Taktile Leitsysteme ermöglichen es zudem sehbeeinträchtigte und blinde Menschen miteinzuschließen und sie innerhalb der Räumlichkeiten zu leiten. Die DIN18040 (vgl. Abschnitt 3.1) gibt Hinweise zu „Orientierung, Leitsysteme und Kommunikation" im öffentlichen Raum und verweist auf das Zwei-Sinne-Prinzip, barrierefreie Gestaltung von Leitsystemen sowie Bedienelemente und Kommunikationsanalgen zur Nutzung von Wohn- und öffentlichen Gebäuden (Hyperjoint, 2018). Das Zwei-Sinne-Prinzip erfordert die Informationsübermittlung über mindestens zwei der drei menschlichen Sinne, Sehen, Hören und Tasten. Dieses kann visuell, akustisch oder taktil wahrgenommen werden und muss kognitiv einfach geschen. Kommunikation und Ausstattung funktioniert durch bestimmte Bedienelemente. Sie sollten Kriterien zu Oberflächengestaltung erfüllen und nach dem Zwei-Sinne-Prinzip funktionieren. Ausgerichtet an Architektur und Funktionalität des Lernortes ergänzen sich die Gestaltungsmittel mit zielgruppengerechten Zonierungen und prägnanten Raumatmosphären (Montag Stiftung, 2013, S. 17). „Um Informationen nützlich und bewertbar zu machen, müssen sie aufbereitet und geordnet werden – Orientierung ist dafür unverzichtbar" (Kling & Krüger 2013, S. 10).

Zwischenfazit und Frageentwicklung – Relevanz von Inklusion und Raum

„Inklusive Didaktik bezeichnet einen Ansatz, in dem alle Aspekte der Schulentwicklung und der Lehr- und Lernentwicklung einer inklusiven Schule enthalten sind und umfassend auch im Blick insbesondere auf die kulturellen, sozialen, ökonomischen, architektonischen, lokalen und politischen Bedingungen der Inklusion reflektiert werden" (Reich, 2014, S. 41).

Die Aufgabe des Raumes kommt in dieser Didaktik stärker zu tragen. Der ‚Raum als dritter Pädagoge' wird bedeutend im Wandel der Gesellschaft und pädagogischer Konzepte. „Lernkultur und Bildungsansätze unterliegen einem kontinuierlichen Prozess. Die sich stetig wandelnden gesellschaftlichen Entwicklungen ziehen neue pädagogische und organisatorische Anforderungen an Bildungseinrichtungen nach sich, die prägenden Einfluss auf die architektonische Konzeption von Schulbauten und Betreuungsstrukturen haben" (Ministère de l'Éducation nationale de l'Enfance et de la Jeunesse 2018, S. 5). Dabei ist die Weiterentwicklung von Schule für Bildung und Architektur eine Chance. Wenn räumliche und pädagogische Konzepte zusammengreifen und funktionieren, dann führt der ‚Raum als dritter Pädagoge' zur Bereicherung und Entlastung für alle in Schule aktiven Akteure. Obwohl in jüngster Zeit das Thema vom ‚Raum als dritter Pädagoge' vielfach zitiert wird, werden nur in seltenen Fällen pädagogische Vorgehensweisen und räumliche Strukturen in der Planung frühzeitig gemeinsam analysiert und verschränkt (Kricke, Reich, Schanz, & Schneider 2018, S. 26). Eine intelligente Planung von Schule kann nur durch kooperative Arbeit aus den Expertisen Pädagogik, Architektur und Verwaltung funktionieren (vgl. Montag Stiftung, 2017). Pädagoginnen und Pädagogen und alle weiteren Beteiligten müssen in die Prozesse der Umstrukturierung und des Neubaus eingebunden werden. Die verschiedenen Professionen entwickeln gemeinsam auf Grundlage ihrer

J. Lengersdorf and A. Hagemann, *Raum für Inklusion*, Forschungsreihe der FH Münster, https://doi.org/10.1007/978-3-658-32666-1_4

unterschiedlichen Expertisen das räumlich-pädagogische Konzept (vgl. Roßmann, 2018). Dabei „ist es entscheidend, dass die Verfahren geöffnet werden für das Wissen von Pädagoginnen und Pädagogen. Das erfordert auf allen Seiten die Bereitschaft, eine gemeinsame Sprache zu finden und über das Ästhetische hinaus an neuen räumlichen Lösungen zu arbeiten" (Kurz & Joanelly 2018, S. 1). Die Vorstellung ‚ein Raum = eine Funktion' ist nicht mehr tragbar. Vielmehr werden die neuen Unterrichtsräume als Werkstätten verstanden, die die Integration verschiedener Unterrichtsformen entsprechend der pädagogischen Ausrichtung ermöglichen. Die Kompetenzorientierung in den unterschiedlichen Lehrplänen fordert die Schülerinnen und Schüler von der passiven Rolle in die aktive zu wechseln und selbstständig zu arbeiten und somit auf den Arbeitsmarkt vorbereitet zu sein. „Raumkonzepte können diese Aktivierung der Schülerinnen und Schüler fördern – allerdings nur, wenn der pädagogische Ansatz entsprechend an die neuen Raumkonstruktionen angepasst wird" (Roßmann, 2018). Es bleibt zu untersuchen, welche bestehenden Konzepte aus den praktischen und theoretischen Herausforderungen gewachsen sind, um zeitgemäßen pädagogischen und architektonischen Maßstäben gerecht zu werden. Es stellt sich die Frage, wie Räume für Bildung und Inklusion konzeptioniert, gestaltet und genutzt werden, um handlungsorientierte, nachhaltige berufliche Bildung zu ermöglichen.

Teil II
Konzeptebene

Vom Klassenraum zum Bildungsraum 5

5.1 Veränderungen des Klassenraum-Flurkonzeptes

„Keine Wohnung, keine Fabrik wird heute mehr so gebaut wie vor 100 Jahren" (Montag Stiftung, 2017, S. 27). Viele Grundrisse für den Schulbau stammen aus dem späten 19. oder frühen 20. Jahrhundert und verlangen verändere Konzepte, die auf den Städtebau und Pädagogik reagieren. Insbesondere das Konzept der „Flurschulen" (siehe Abbildung 5.2) aus den 1970er Jahren wird einem flexiblen Einsatz unterschiedlicher Lehr- und Lernmethoden nicht mehr gerecht (Ministère de l'Éducation nationale de l'Enfance et de la Jeunesse 2018, S. 14). Diese Strukturen des Flur- Klassenraumkonzeptes sind durch folgende Prinzipien geprägt:

(1) Flure als reine Flucht- und Zugangswege
(2) Aneinanderreihung von geschlossenen Klassenräumen entlang der Flure
(3) Quadratische bzw. rechteckige Form der Klassenräume
(4) zumeist drei Wandflächen, eine Fensterfront
(5) Frontal ausgerichtete Tische
(6) Lehrer- und Lehrerinnenpult und Tafel zwischen Fensterfront und Klasseneingang
(7) eine Zugangstür zum Flur pro Klassenraum
(8) eine Lehrkraft pro Klassenraum

Schule fordert deshalb nicht nur Veränderungen von Pädagoginnen und Pädagogen als schulische Akteure, sondern auch zeitgemäße Lösungen von Städtebau und Architektur. Ein Raum, der nur einer Funktion dient, entspricht nicht mehr

J. Lengersdorf and A. Hagemann, *Raum für Inklusion*, Forschungsreihe der FH Münster, https://doi.org/10.1007/978-3-658-32666-1_5

den aktuellen Lehr- und Lernkonzepten, wird durch eine Bandbreite an Methoden
und Sozialformen gefordert und ist stetig von Modifikation betroffen. „Ange-
sichts der nicht absehbaren Nutzungsverschiebungen wird der Raum eher als
offen interpretierbares Angebot denn als spezialisiertes, passgenaues funktionales
Raumschema betrachtet" (Montag Stiftung 2017, S. 27). Ein offen interpretierbares Angebot spielt vor allem für das Lehren und Lernen am Berufskolleg eine
große Rolle. Mit dem obersten Ziel eigenverantwortliches Handeln zu initiieren
bzw. Handlungskompetenzen zu vermitteln ist die räumliche Struktur und Organisation nicht zu vernachlässigen. In verschiedenen Lernsituationen, die an der
beruflichen Praxis ausgerichtet sind, ist ein zeitgemäßer Arbeits- und Lernort von
Besonderheit. Auch auf die starke Heterogenität der Lerngruppen und verschiedenen Bildungsgänge am Berufskolleg ist mit unterschiedlichen Zugängen und
individualisierten räumlichen Gegebenheiten zu reagieren. Ein räumliches Angebot muss vor der baulichen Planung und Umsetzung nach dem Motto „ohne guten
Prozess, kein gutes Gebäude" (Kricke, Reich, Schanz, & Schneider 2018, S. 18)
entwickelt werden. Wie bereits in den Kapiteln des pädagogischen Theoriezu-
gangs (Kapitel 2) und der Raumkomponente (Kapitel 3) angerissen, bieten sich
die pädagogischen Prinzipien der Montag Stiftung (2017) an, die innerhalb von
zehn Thesen entsprechende Anforderungen an Schulbau formulieren. Um sich vom
tradierten Prinzip „Unterricht = Klasse = Klassenzimmer" wegzubewegen und
den Raum grundlegend zu verändern, bedarf es Expertisen der Architektur und
Verwaltung. So lassen sich beispielsweise räumliche Alternativen architektonisch
lösen und die Wandelbarkeit des Raumes durch bewegliche Systeme, Wände,
Schiebetüren und variable Möbelkombinationen ermöglichen. Aus Perspektive
der Verwaltung ist eine intensive Auseinandersetzung mit den pädagogischen
Anforderungen an das jeweilige Bildungsgebäude zu Beginn des Planungsprozesses von besonderer Bedeutung. Insbesondere am Lernort Berufskolleg ist
räumliche Flexibilität und die Bereitstellung von Alternativen wichtig, um unterschiedlichste Zielgruppen mit verschiedensten berufsspezifischen Schwerpunkten
und angestrebten Abschlüssen zu erreichen. Für praxisorientierten und theoriebasierten Unterricht, der durch eine zeitgemäße Berufspädagogik stattfindet und
Handlungsorientierung der Schülerinnen und Schüler fokussiert, ist eine solche
Variabilität der Raum- und Möbelkombinationen besonders bedeutungsvoll. In
der Auseinandersetzung mit den jeweiligen schulischen Anforderungen werden
die grundlegenden Weichen für das Projekt gestellt. Durch den Einsatz externer
Beratenden, bzw. Beratenden der Stadtverwaltung des neuen Schulbaukonzeptes
werden kommunikative Prozesse zwischen den verschiedenen Expertisen mode-
riert, gesteuert und kontrolliert. Dies ist besonders in den unterschiedlichen
Phasen des Planungsprozesses wichtig.

5.2 Phasen des Planungsprozesses

In Luxemburg bietet das Ministère de l'Éducation nationale, de l'Enfance et de la Jeunesse (2018) beispielsweise eine Handreichung, die diese Phasen in fünf differenzierte Handlungsschritte aufteilt. Im ersten Planungsschritt stehen hier pädagogische Standards im Fokus: „Wer eine Bildungseinrichtung plant, sollte (zunächst) nicht an Räume, sondern an das Lernen und Leben an diesem Ort denken" (ebd., S. 11). Der zweite Schritt beschreibt das Umfeld und die architektonischen Anforderungen, der dritte Schritt das passende Raumkonzept (vgl. Abschnitt 5.3). In Planungsschritt vier und fünf geht es um die Eingliederungen der speziellen Fachbereiche in das Raumkonzept und final darum, die Lernumgebung zu gestalten – Wohlbefinden und Architektur miteinander zu verbinden. Die Montag Stiftung (2012) nutzt im Kontext von „Schule Planen und Bauen" die Begrifflichkeit der „Phase 0". Sie gilt als entscheidende Phase vor dem eigentlichen Planungsprozess und Weichenstellung für das gesamte Projekt und stellt auch in der Architektur eine verbreitete Begrifflichkeit dar. Die Phase 0 nimmt Bezug auf die Einteilung der Leistungsphasen nach der Honorarordnung für Architekten und Ingenieure (HOAI), ist jedoch bewusst nicht in diese Leistungsphasen integriert (Abbildung 5.1). Der Prozess der HOAI, der „bisher die Leistungsphasen 1 bis 9 vorsieht – nicht aber eine integrierte Planung im Vorfeld (Phase 0) oder eine planerische Begleitung über die Inbetriebnahme hinaus (Phase 10)" wird in den „Leitlinien für leistungsstarke Schulbauten in Deutschland" erläutert (Montag Stiftung, 2013). Beide Phasen werden aktuell im deutschen Raum als wichtige Erfolgsfaktoren für erfolgreiche Bildungsbauplanung gesehen (vgl. Scheytt, Raskob, & Willems, 2016 und Montag Stiftung, 2017).

Abbildung 5.1 Planungsprozess nach Leistungsphasen

In diesem Prozess gilt die Phase 0 als Vorbereitungs- und Entwicklungsphase, die immer mit der pädagogischen Profilausrichtung der Schule verbunden ist (Lehn, 2019). Sie bietet die Schnittstelle zwischen Pädagogik und Architektur und ermöglicht einen grundlegenden Austausch über den anstehenden Neu- oder Umbau der Schule und orientiert sich an pädagogischen Bedarfen. Ein tragfähiges inhaltliches und räumliches Konzept soll hier entwickelt werden.

Die Prinzipien der Schulorganisation werden festgelegt und auf die räumliche Organisation im Sinne eines möglichst präzisen Anforderungskatalogs übertragen (Montag Stiftung 2017, S. 201). Zum Ende dieser Phase sollten auf allen Maßstabsebenen realistische Qualitätsziele beschrieben sein. Dies reicht vom Städtebau über die räumlichen Organisationsmodelle bis zur Ausstattung, vom pädagogischen Leitbild bis zur Unterrichtsgestaltung. Die Montag Stiftung bietet für diese Prozesse begleitendes Material und Hilfestellungen, die von Grundlagen, Praxisprojekten, Leitlinien, bis hin zu filmischem Material reichen (vgl. Montag Stiftung, 2012, 2013, 2017 und Maschner, 2015). Trotz ähnlicher Phasen der Planung und Umsetzung, begleitender Materialien und Best-Practice-Modellen (vgl. Abschnitt 6.2) ist jedes (Schul-)Bauprojekt anders und muss individuell in der Phase 0 durchdacht werden. In den Leistungsphasen 1–5 erfolgt die Planung des Bauvorhabens. In den folgenden Leistungsphasen 1–3 der HOAI wird der eigentliche architektonische Entwurf erarbeitet. Konkurrierende Angebote werden eingeholt (LPH 1), architektonische Bau- und Umbauvorschläge werden erarbeitet (LPH 2) und Entwurfsplanungen mit Kostenberechnungen erstellt (LPH 3). Nach der Genehmigungsplanung (LPH 4) folgt die Erstellung der Planungsunterlagen für den Bauantrag und die Ausführungsplanung (LPH 5) (vgl. Montag Stiftung 2017, S. 205). In den Leistungsphasen 6–9 erfolgt die Umsetzung. Nach Leistungsbeschreibungen werden Angebote zu den Bauleistungen eingeholt und an Bauunternehmen vergeben (LPH 6–7). Es folgt die Objektüberwachung (LPH 8) und schließlich die Inbetriebnahme und Dokumentation sowie die Begehung zur Mängelbeseitigung (LPH 9) (vgl. Montag Stiftung, 2017). Die Inbetriebnahme (Phase 10) erfolgt extern der üblichen HOAI und spielt im Prozess der Inbetriebnahme, Überprüfungs- und Orientierungsphase eine Rolle. „Ein entsprechendes Monitoring des fertiggestellten Bildungsbaus kann die ersten beiden Jahre der Nutzung des Gebäudes umfassen, aber auch durch fortlaufende Begleitung der Aneignung der Akteure, Interpretation und Weiterentwicklung geschehen, denn ein Gebäude lebt von seinen Bewohnern/innen. Bedarfe, Nutzer/innen und Anforderungen vor Ort können sich verändern" (Montag Stiftung 2017, S. 206). Auch nach Abschluss der Inbetriebnahme und des ersten Betriebsjahres sollte nach Ratschlag der Montag Stiftung (ebd.) eine systematische Evaluation des Gebäudes und seiner Alltagstauglichkeit erfolgen und überprüft werden, ob es so funktioniert, wie es in der Phase 0 angedacht war.

5.3   Prototypische Organisationsmodelle

„Das herkömmliche Klassenzimmer symbolisiert sehr stark den Gleichschritt. Es steht noch ganz im Bild einer Disziplinierung durch einen zu kleinen Raum, viel Stoff, wenig Zeit und die Allgegenwart der Lehrkraft" (Reich 2014, S. 223). Doch gerade eine inklusive Schule kann nicht mehr in diesen bestehenden, veralteten Mustern leben. Lernen ist keine reine Sache des Kopfes, sondern benötigt zum erfolgreichen Lernen, so die Lehr- und Lernforschung, den eigenen Körper und die Stillung elementarer physiologischer Bedürfnisse (vgl. ebd. S. 289). Dies bedeutet nach der Montag Stiftung (2017): „richtig atmen", „richtig hören", „gut sehen" und „sich ausreichend bewegen". Im Zuge der Digitalisierung und Programmen wie Schule 2020 werden viele Schulen und Schulbauten über- und neu gedacht. Der Schulbau kann seinen Teil hinzufügen und diesen Wandel unterstützen: „Wenn wir leistungsfähige Schulbauten wollen, müssen wir weg von alten Mustern. Wir müssen die Chance der aktuellen Schul(um)bauwelle nutzen, um auch in der Breite echte Innovation in der Architektur von Schulen zu etablieren!" (Pampe, 2018). Ein Wechsel weg von dem traditionellen Klassenraum-Flur-Konzept ist unstrittig, doch „was bedeutet Inklusion für den

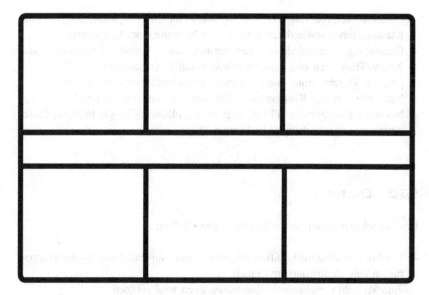

Abbildung 5.2 Klassenraum-Flur-Konzept

Schulbau? Wie sieht inklusive Schule aus? Welche Räumlichkeiten braucht es um den Anforderungen der Inklusion gerecht zu werden? Wie sind die Räume gestaltet? Welchen Anspruch hat man an die Architektur?" (ebd.).
Die Theorie formuliert pädagogische Ansprüche an Inklusion, von der sich räumliche Ansprüche ableiten lassen. Im Folgenden werden etablierte Raumkonzepte vorgestellt, die je nach Schulausrichtung bzw. Schulleitbild flexibel nutz- und gestaltbar sind und unterschiedliche Lernarrangements unterstützen und fördern können. Die drei prototypischen Organisationsmodelle, ‚Klassenraum Plus' (Basisraum plus), ‚Lerncluster' und ‚offene Lernlandschaft' haben sich auf Grundlage der aktuellen pädagogischen Diskussion und ihrer Anforderungen entwickelt (vgl. Kricke, Reich, Schanz, & Schneider, 2018; Ministère de l'Éducation nationale de l'Enfance et de la Jeunesse, 2018; Montag Stiftung, 2017 und Reich, 2014).

5.3.1 Klassenraum Plus

Der Klassenraum Plus (Basisraum Plus) zeichnet sich durch folgende Settings aus:

- Optionale Vergrößerung/Verknüpfung und Zonierung von Stammgruppen- oder Klassenräumen sowie durch gemeinsame Nutzung eines Gruppenraums
- Etablierung verschiedener Lernsettings auf Grund der Größe des Raums/Trenntüren zum anderen Klassenraum/Zwischenraum
- parallele Durchführung und Überblick unterschiedlicher Lernformen
- Verbindung zweier Klassenräume, Bildung von Tandems der Lehrkräfte
- Normaler Klassenraum „PLUS" ergänzende Flächen – Möglichkeit zur Differenzierung und Rückzug (Abbildung 5.3)

5.3.2 Cluster

Das Lerncluster basiert auf folgenden Eigenschaften:

- Unterrichtsräume und Differenzierungsräume verschiedener Stammgruppen bilden eine identifizierbare Einheit
- eine Vielzahl verschiedener Raumsituationen wird geboten

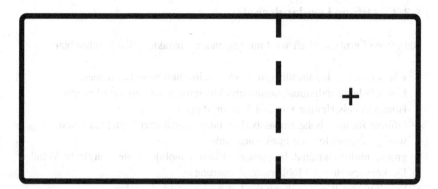

Abbildung 5.3 Klassenraum Plus nach Montag Stiftung, 2013

- Struktur ist durch das pädagogische Konzept der Schule und die baulich-räumlichen Gegebenheiten des Standorts geprägt
- Klassenübergreifendes Organisationskonzept (Abbildung 5.4)

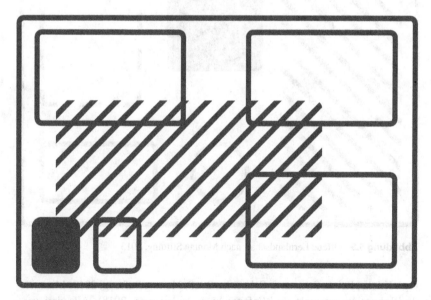

Abbildung 5.4 Cluster nach Montag Stiftung, 2013

5.3.3 Offene Lernlandschaft

Die offene Lernlandschaft wird mit folgenden Charakteristika beschrieben:

– Klassen- und jahrgangsübergreifende, multifunktionale Lernzonen
– Ermöglichung individualisierten und kleingruppenorientierten Lernens
– Homebase als Heimat von 2–4 Stammgruppen
– Offener Raum – hohe Anpassbarkeit unterschiedlicher Lernsituationen
– wenige abgeschlossene Funktionsräume
– große, multifunktional bespielbare Fläche; mobile, feste, verglaste Wände, Deckenvorsprünge, Möblierung, Zonierung
– Schaffen von Räumen durch die Lernenden und Lehrenden
– Hohe Flächenausnutzung, geringe Verkehrswege (Abbildung 5.5)

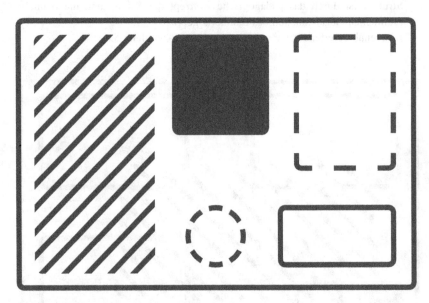

Abbildung 5.5 Offene Lernlandschaft nach Montag Stiftung, 2013

(vgl. Kricke, Reich, Schanz, & Schneider, 2018; Montag Stiftung, 2013; Ministère de l'Éducation nationale de l'Enfance et de la Jeunesse, 2018). Alle drei vorgestellten Organisationsmodelle eröffnen die Möglichkeit der Mehrfachnutzung.

Ihre Raumgestaltung geht auf die Anforderungen von Inklusion ein. Ihre Multifunktionalität führt zu einer anpassbaren Lernumgebung, die einen schnellen Wechsel zwischen Sozial- und unterschiedlichen Aktionsformen und Lernmethoden zulässt. Es ist zu beachten, dass eine vielfältige Schaltbarkeit der Flächen und ein situativ veränderbares Mobiliar diese Eigenschaft unterstützt. Dabei gibt es keine Standards für die Umsetzung, sie ist abhängig von der Schule und ihrer pädagogischen Ausrichtung. So treten sie in der Praxis häufig als Mischformen auf (Kricke, Reich, Schanz, & Schneider 2018, S. 38).

Best-Practice-Modelle

6

6.1   Arbeitsräume in der fortschrittlichen betrieblichen Praxis

Orte an denen verschiedenste Individuen aufeinandertreffen und gemeinsam oder nebeneinander arbeiten, finden sich nicht nur im Schulalltag. Wie geht die Wirtschaft mit Arbeitsräumen der fortschrittlichen Praxis um und welche Lösungen präsentiert sie? Neue Technologien und flexible Arbeitsmodelle ändern auch hier die Räumlichkeiten und Anforderungen an den Arbeitsplatz (Vetter, 2016). Die Megatrends, Digitalisierung, Globalisierung, Diversity, Nachhaltigkeit, Wissensökonomie und War for Talents beeinflussen die Bedürfnisse und Anforderungen (Vitra, 2019). Sie prägen die Bürogestaltung. Der Begriff einer innovativen Bürolandschaft hat sich in diesem Kontext als sogenanntes ‚Open Space‘ etabliert. Führende Unternehmen forschen an Arbeitsplatzmodellen, um ihren Mitarbeiterinnen und Mitarbeitern einen Raum zu bieten, an dem sie flexibel und nach ihren Bedürfnissen arbeiten können (vgl. Abschnitt 6.1.1). Dazu werden die Mitarbeiterinnen und Mitarbeiter oftmals in den Entwicklungsprozess miteinbezogen (vgl. Abschnitt 6.1.2). International agierende Unternehmen wie Vitra (vgl. Abschnitt 6.1.3) bieten nicht nur Büromobiliar an, sondern gestalten in Zusammenarbeit mit Architektinnen und Architekten sowie Auftraggeberinnen und Auftraggebern ganze Raumkonzepte für unterschiedlichste Kunden. Dabei stützen sie sich, wie auch andere Unternehmen, auf Erfahrungen aus den eigenen Büros und Ergebnissen wissenschaftlicher Forschung (vgl. Vitra, 2019 und Gensler, 2019).

© Der/die Autor(en), exklusiv lizenziert durch Springer Fachmedien   59
Wiesbaden GmbH, ein Teil von Springer Nature 2021
J. Lengersdorf and A. Hagemann, *Raum für Inklusion*, Forschungsreihe der
FH Münster, https://doi.org/10.1007/978-3-658-32666-1_6

Abbildung 6.1 Microsoft Think Space

6.1.1 Microsoft

Neue Technologien ermöglichen flexibles Arbeiten „immer und überall" (Vetter, 2016). Die Arbeit hat sich gewandelt. Sie ist komplexer, Wissen und Kompetenzen erlangen mehr Bedeutung und Tätigkeiten im Team rücken in den Fokus. Unternehmen agieren mehr und mehr als offene Plattform und als interdisziplinäres Labor der besten Ideen, um Innovationen zu regenerieren und weiterzuentwickeln (Reimann, 2019). Das traditionelle Büro entwickelt sich ständig weiter, um aktuellen Ansprüchen einer modernen Arbeitswelt gerecht zu werden. „Microsoft geht bereits seit vielen Jahren der Frage nach, wie im harmonischen Dreiklang aus Mensch, Raum und Technologie der moderne Arbeitsplatz entsteht" (Fink, 2018). Der internationale Soft- und Hardwarehersteller versteht das Büro als Begegnungsstätte, in der im Austausch mit Kundinnen und Kunden, Partnerinnen und Partnern sowie Kolleginnen und Kollegen neue Ideen entstehen. Die Mitarbeiter und Mitarbeiterinnen sollen sich wohlfühlen und durch die

Arbeitsumgebung optimal unterstützt werden. „Im Mittelpunkt stehen unsere vielfältigen Mitarbeiter mit ihren unterschiedlichen Bedürfnissen und Talenten sowie
individuellen Anforderungen an Arbeitsplatz und Art der Tätigkeit" (Microsoft
Enterprise, 2018). Eine gute Atmosphäre steht dabei im Fokus. Diese impliziert
„die Vertrauenszeit und der Vertrauensort", die den Mitarbeiterinnen und Mitarbeitern eine hohe Flexibilität bietet (vgl. Microsoft Enterprise, 2018). Jede und
jeder kann selbst entscheiden, wann und wo gearbeitet wird. Das Erreichen des
Ziels steht im Vordergrund. In seiner Unternehmensphilosophie folgt Microsoft
dabei stets dem Leitbild bzw. ihrem Hashtag #worklifeflow. Damit löst es die
„Work-Life-Balance" ab und stellt die selbstbestimmte Gestaltung des Alltags
an die Stelle einer starren Verteilung von Arbeits- und Privatleben (Microsoft
Enterprise, 2018).

Abbildung 6.2 Microsoft Share & Discuss Space

Abbildung 6.3 Microsoft Converse Space

Mit dieser Flexibilität orientiert sich das Unternehmen an der Lebenswirklichkeit seiner Mitarbeiterinnen und Mitarbeiter. Das gesamte Bürogebäude der deutschen Microsoftzentrale „Office mit Windows" in München-Schwabing ist nach der Unternehmensphilosophie „Work-Life-Flow" gestaltet und wurde 2016 von HPP Architekten, Düsseldorf konzipiert. Microsoft bezeichnet die Konzeption des Bürogebäudes als „Smart Workspace" (Microsoft Enterprise, 2018). So gibt es Arbeitsplätze für konzentriertes Arbeiten (Accomplish Space und Think Space vgl. Abbildung 6.1 und 6.4) und kommunikative Bereiche für Teamarbeit, für Diskussionen, für Brainstorming und Weiterentwickeln von Ideen (Share & Discuss Space und Converse Space vgl. Abbildung 6.2 und 6.3). Weitere Freizeitzonen wie Küche, Restaurant und Sportstätten schließen sich an das Open Space an.

Abbildung 6.4 Microsoft Accomplish Space

6.1.2 Adidas

Der Bürokomplex PITCH befindet sich auf dem Headquarter, der ‚adidas World of Sports' in Herzogenaurach und wurde 2015 von Wittfoht Architekten, Stuttgart konzipiert. PITCH als Bezeichnung für den Bürokomplex des Headquarters von adidas in Herzogenaurach leitet sich aus dem englischen Begriff für „Spielfeld" ab. Im gesamten räumlichen und strukturellen Konzept spielt adidas stringent mit Begrifflichkeiten aus dem Sport. Das dreistöckige rechteckige Gebäude bietet 450 feste Arbeitsplätze sowie weitere flexible Arbeitsplätze und Besprechungsräume (Wittfoht Architekten, 2018). Hier experimentiert adidas mit verschiedenen innovativen und flexiblen Großraumbürokonzepten, testet diese und entwickelt sie mit seinen Mitarbeiterinnen und Mitarbeitern weiter. Die drei Büroausstatter USM, Bene und Vitra wurden für die Gestaltung des neuen Büros engagiert (Kranzfelder, 2015). „Die Vision ist, eine Atmosphäre zu schaffen, die Flexibilität und

Zusammenarbeit fördert und Hierarchien abbaut" (adidas, 2015). Jede Beschäftigte und jeder Beschäftigter hat ihr bzw. sein eigenes Schließfach, aus dem sie oder er morgens ihre oder seine Arbeitsutensilien je nach Bedarf herausnimmt und am Ende des Arbeitstages wieder einschließt. Es gibt vor Ort keine festen Arbeitsplätze. Je nach Bedarf können verschiedene Module und Arbeitsplätze des PITCH aufgesucht werden. Das offen gestaltete Konzept „bietet verschiedene, flexible Bereiche für unterschiedliche Mitarbeiter, Ansprüche und Aktivitäten" (adidas, 2015). „The fact that we have a choice, however, makes a difference" (Kranzfelder, 2015). Das Büro wendet sich von klassischen Strukturen ab und regt, ganz im Sinne des Firmenhintergrundes, das „activity-based working" an (Kranzfelder, 2015). Es gibt verschiedene Bereiche für konzentriertes Arbeiten und Bereiche für kreatives und gemeinschaftliches Arbeiten (Abbildung 6.7 und 6.8). Eine Besonderheit bildet der kreativitätsfördernde Besprechungsraum mit Whiteboards an Boden und Wänden (Abbildung 6.5). Auch bietet das PITCH Rückzugsmöglichkeiten, die beispielsweise mit Massagesesseln ausgestattet sind.

Abbildung 6.5   adidas, Besprechungsraum mit Whiteboards an Boden und Wänden

Die „homebase" ist als Versammlungsort gedacht (Abbildung 6.6). Neben ihr befindet sich die Küche. Diese Bereiche sind als Treffpunkt und Ort des

Abbildung 6.6   adidas Homebase

informellen Austauschs unter Kolleginnen und Kollegen konzipiert. Sport- und Essmöglichkeiten sind auf dem „adidas World of Sports" angesiedelt und unterstützen das Wohlfühlen der Mitarbeiterinnen und Mitarbeiter und somit ihre Arbeitseffektivität (Kranzfelder, 2015). Das Feedback der Angestellten hilft bei einer optimalen „Future Workplace-Solution" und der weltweiten Umsetzung (adidas, 2015). Das PITCH dient als Experimentierbüro, das sich ständig weiterentwickelt und die Angestellten in ihrer Effektivität bei der Arbeit unterstützt, mit dem Hintergrund eine flexible Arbeitsumgebung zu schaffen (adidas, 2017).

6.1.3   Vitra Open Space

Vitra gilt als einer der führenden internationalen Büroausstatter und Büroplaner. Dies spiegelt sich in der eigenen Bürowelt in Weil am Rhein am Dreiländereck Deutschland-Schweiz-Frankreich wieder. Die weltweiten Megatrends „Digitalisierung, Globalisierung, Diversity, Nachhaltigkeit, Wissensökonomie und War for Talents" prägen die Arbeitswelt (Vitra., 2019). Vitra vertritt die Überzeugung,

Abbildung 6.7 adidas, Kommunikationsort

„dass Räume und ihre Einrichtungen einen entscheidenden Einfluss auf Motivation, Leistung und Gesundheit der Mitarbeiter und damit auf die Produktivität
jedes Unternehmens haben" (Vitra., 2019). Dabei nutzen sie ihre Büroflächen als
Experimentierfeld und gestalten diese nach Bedarf weiter. Das „Citizen Office"
zeigt den neusten Stand der Entwicklung und hat sich mittlerweile als zentrales
Konzept etabliert. Vitra arbeitet weltweit mit verschiedenen Gestaltern zusammen. So geht auch der Name „Citizen Office" auf ein gemeinsames Projekt
mit den Designern Andrea Branzi, Michele de Lucchi und Ettore Sottsass von
1992 zurück. „Das Büro sollte zum lebendigen Begegnungsort werden, der die
Trennung von Leben und Arbeiten hinter sich lässt" (Vitra, 2019). Verschiedene
Bereiche erlauben die Entscheidung durch die Mitarbeiterinnen und Mitarbeiter, „welcher Rhythmus, welche Form und welcher Ort richtig für ihre jeweilige
Tätigkeit sind" (Vitra., 2019). Unterschiedliche Sitzmöglichkeiten ermöglichen
das Einnehmen von verschiedenen Körperhaltungen und physischer Bewegung.
Ein „Citizen Office" besitzt ein „Office Forum", einen zentralen Treffpunkt und
mehrere „Workstation Areas", die sich rundherum anordnen. Das „Office Forum"
bietet einen Ort des Austauschs und der gegenseitigen Inspiration. Hier gibt
es Lounges, eine Cafeteria, eine Bibliothek, Besprechungs- und Projekttische,

Abbildung 6.8   adidas, konzentriertes Arbeiten

geschlossene Räume für den Rückzug und offene Plattformen zum direkten Austausch (Vitra, 2019). Die „Workstation Areas" ähneln klassischen Büros – hier kann konzentriert gearbeitet werden. Diese selbstverantwortliche Arbeitskultur muss von der Geschäftsführung vorgelebt werden, denn „Citizen Office ist eine Haltung" und betrifft alle Beteiligten (Vitra, 2019). Jedes „Citizen Office" sieht anders aus und wird entsprechend der Unternehmenskultur individuell gestaltet (Abbildung 6.9, 6.10, 6.11 und 6.12).

Eine Umsetzung des „Citizen Office" auf dem Vitra Campus ist das „Vitra Design Museum Office". Es wurde gemeinsam mit dem Designer Konstantin Gricic entwickelt. Verschiedene Arbeitsgruppen treffen hier zusammen. Für jede Zielgruppe muss eine individuelle Raumlösung gefunden werden. Diese umschließt klar gegliederte Arbeitsplätze mit Raum-in-Raum-Lösungen und abgegrenzten Nischen. Dies schafft eine Atelier-Atmosphäre, in der kreativer Austausch und konzentriertes Alleinarbeiten ermöglicht wird. Die hier beschriebenen Arbeitsräume in der fortschrittlichen betrieblichen Praxis (Kapitel 6) konzentrieren sich auf kognitives und konzeptionelles Arbeiten. Die präsentierten Unternehmen stellen den Menschen in den Mittelpunkt und fokussieren eine gute Atmosphäre im Sinne der vielfältigen Arbeitsplätze für Alle (vgl. Vitra, 2019) Das

Abbildung 6.9 Vitra Citizen Office Concept, Workstation Area

global agierende Genseler Research Institute ist ein Netzwerk mit forschenden
Fokus auf das Zusammenspiel von Design, Business und praktischer Erfahrung.
Das Institut publiziert regelmäßig internationale „Workplace Surveys", in denen
sie Ansprüche an den modernen Arbeitsplatz aus unterschiedlichen Studien ver-
öffentlicht (vgl. Gensler, 2019). Bereits 2008 formulieren sie in ihrem Bericht
die Bedeutung von den vier Arbeitsmodi „Socialize", „Focus", „Collaborate" und
„Learn" (Gensler, 2008).

„Gensler research shows (Abbildung 6.13):

- that people spend an average of 6 % of their time in social activities.
- that people spend an average of 6 % of their time learning.
- that people spend on average 48 % of their time in focus work.
- that across all companies, people spend an average of 32 % of their time
  collaborating" (Gensler, 2008).

Abbildung 6.10   Vitra Citizen Office Concept, Workstation Area

Im Konkurrenzkampf um das beste Team legen diese zukunftsfähigen Unternehmen Wert auf die Mitsprache der Mitarbeiterinnen und Mitarbeiter hinsichtlich
ihres Wohlbefindens in der Arbeitsumgebung. Der Arbeitsraum stellt nicht mehr
nur den eigentlichen Arbeitsort dar und soll als Lebensraum funktionieren. Der
formelle und informelle Austausch im Kollegium wird durch die Raumkonzepte
gestärkt. Großer Wert wird auf die Kommunikation zwischen Kolleginnen und
Kollegen zum Entwickeln von Innovationen gelegt. Modernisierung und Globalisierung fördern diese Entwicklungen entscheidend. Neue Techniken, mobile
Messenger und Clouds ermöglichen flexibles Arbeiten, unabhängig vom Arbeitsort. Das Büro als fester Standort ist nicht mehr Hauptarbeitsort, sondern Ort
der Kommunikation und der Entwicklung von Innovationen im Austausch. Das
entsprechende Leitbild der Unternehmen spiegelt sich in der Gestaltung und
Namensgebung der Open-Space-Büros wieder: „PITCH", „Office mit Windows",
„Vitra Design Museum Office". So ist jedes Open-Space-Büro entsprechend der
Anforderungen und Bedürfnisse der Mitarbeiterinnen und Mitarbeiter und ihren
Aufgaben gestaltet und im stetigen Wandel.

Abbildung 6.11   Vitra Citizen Office Concept, Workstation Area

6.2   Zukunftsorientierte Bildungsräume in Entwicklung

Die ausgewählten drei Bildungsbauten sind Beispiele aus deutscher und internationaler Praxis des Schulbaus der letzten fünfzehn Jahre. Sie geben Referenz und Orientierung, wie Bildungsbau und Schule zeitgemäß und zukunftsorientiert realisiert werden kann. Die in Kapitel 5 prototypischen Organisationsmodelle werden anhand der Praxisbeispiele verdeutlicht und vermitteln ausschnitthaft „eine Vorstellung, wie pädagogische Anforderungen heute architektonisch beantwortet werden" (Montag Stiftung 2017, S. 326).

6.2.1   Ørestad College

Das Ørestad College ist ein dänisches Gymnasium mit den Schwerpunkten Medien, Kultur und innovative Kommunikationstechnologien und liegt im gleichnamigen Stadtteil Ørestad in Kopenhagen. Der Neubau der 3XN Architekten aus Kopenhagen wurde 2007 fertiggestellt und ist für ca. 1.100 Schülerinnen

Abbildung 6.12 Vitra Citizen Office Concept, Workstation Area

und Schüler mit 110 Lehrkräfte ausgelegt (vgl. Royden, 2015). Lehrerinnen und Lehrer besitzen keine festen Arbeitsplätze und arbeiten in kleinen Teams, die den 37 Klassen der Schule zugeteilt sind. Die Schülerinnen und Schüler stehen dadurch in engem Kontakt zu ihnen. Sie stehen ihnen weniger als Wissensvermittelnde, sondern eher als Beratende, Lernbegleitende und Seelsorgende zur Seite. Lehrer wie Anders Hassing sehen in ihrem schulischen Konzept eine zeitgemäße Herausforderung an Architektur und Pädagogik, die traditionelle Konzepte von Lehren und Lernen in Frage stellt (vgl. Ørestad Gymnasium, 2019). Das Ørestad College definiert sich schwerpunktmäßig durch sein Medienprofil, das sich in den spezialisierten Studienprogrammen innerhalb der Natur-, Sozial- und Humanwissenschaften, in Lehrinhalten der jeweiligen Fächer, in interdisziplinären Aktivitäten und in Netzwerken mit Firmen und Institutionen der Medien- und Kommunikationsbranche reflektiert. Sie verfolgt das Ziel, die Jugendlichen adäquat und realistisch auf die Rolle in der Gesellschaft sowie auf zukünftige

Abbildung 6.13
Arbeitsmodi nach Gensler,
2008

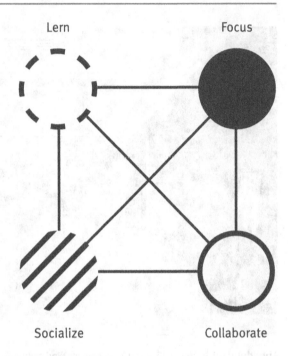

Lern   Focus

Socialize   Collaborate

Arbeitsbedingungen vorzubereiten und ähnelt somit dem Konzept der berufli-chen Bildung in Deutschland. Gymnasien werden in Dänemark, wie auch in Deutschland, als Schulen für „die Elite" gesehen (Royden, 2015). Heute besu-chen ca. 70 % aller Jugendlichen diese Schulform in Kopenhagen. Am Beispiel des Ørestad College verstehen sich die Gymnasien als moderne, futuristische Orte und sind Schulen „innerhalb der digitalen Welt, und nicht außerhalb von dieser" (ebd.). Durch die besondere Lernumgebung soll den Lernenden ein möglichst berufsnaher Zugang mit digitalen Werkzeugen als ständige Begleiter gegeben wer-den. Individuelle Verantwortung spielt in allen Bereichen des Schullebens eine große Rolle für die Schülerinnen und Schüler. Von ihnen wird erwartet, dass sie das bereitgestellte Angebot – insbesondere digital – nutzen. Unterricht findet im Wechselspiel von Interaktion, kollegialem Arbeiten, individualisiertem Lernen (z. B. virtual teaching), sowie Projektarbeit mit externen Partnerinnen und Part-nern der Schule statt und ist durch den ganzheitlichen Einsatz von „Information and Communication Technologies" (ICT) geprägt. Die Vertreterinnen und Vertre-ter der Schule bezeichnen Kreativität und Innovation als zentrale Kompetenzen

einer Gesellschaft des 21. Jahrhunderts: „We aim to create a school where teachers and students stimulate each other to think in creative and innovative ways.
We teach students how to participate in a society in which the production of know-
ledge and experience is playing a steadily increasing role" (Ørestad Gymnasium,
2019). Das architektonische Konzept kommt ohne traditionelle Klassenräume aus.
Die Innenarchitektur ähnelt einer urbanen Landschaft, in der sich individualisierte und kommunikative Orte bilden. Auf den vier Geschossen – sogenannten
„Decks" – werden traditionelle Klassenräume durch „Group Areas" ersetzt, die
eine Diversität an räumlichen Möglichkeiten bieten (vgl. Abbildung 6.14). Der
Typus der allgemeinen Lern- und Unterrichtsbereiche ist als offene Lernlandschaft zu verstehen. Vielfältige Raumformationen ermöglichen unterschiedliche
Lernformate. Insbesondere Seminarräume in Kreisform, die objekthaft im Raum
eingestellt sind, dienen Präsentationen (vgl. Abbildung 6.15). Die Dächer sind
durch rundliches (Abbildung 6.15 und 6.16).

Abbildung 6.14   Ørestad College, Areal mit Group Areas, Adam Mørk

Mobiliar ausgestattet und mit Sitzsäcken bestückt. Sie gelten als informelle
Rückzugsorte und für das Selbststudium. Schulleiter Allan Kjær Andersen betont,
dass die ganze Schule wie ein großer flexibler Klassenraum funktioniert (vgl.
Ørestad Gymnasium, 2019). Die Summe der Unterschiede in der Lehrumgebung
definiert Lehren am Ørestad College. Es ist essenziell, so Andersen, dass die

Abbildung 6.15 Ørestad College, Group Areas auf dem Dach der Präsentationsräume, Adam Mørk

Lehrkräfte sich beim Vorbereiten des Unterrichts darüber bewusst sind, dass ein substantieller Teil des Unterrichts auf freier Fläche stattfindet. Pädagogik und Architektur muss hier ineinandergreifen. Die Architektur spricht für sich selbst, steuert die Schülerinnen und Schüler hinsichtlich ihrer Aktivität und Arbeitslautstärke. Eine spiralförmige Treppe bildet das Zentrum und den Treffpunkt aller Akteure im Haus. Sie zieht sich durch alle Stockwerke und wird zur Verbindung der Räumlichkeiten und zum Aufenthalt in den Pausen genutzt. Die schlicht gehaltene Innenarchitektur verzichtet auf gesonderte Wegeleitsysteme. Auf Barrierefreiheit und Universal Design (vgl. Abschnitt 3.1 und 3.2) wird weder von Seiten der Architekten noch auf der Schulhomepage eingegangen. Die architektonische Transparenz soll Zugang und Einblick in die Vielzahl der Räumlichkeiten geben. „Kommunikation und Durchlässigkeit ergeben sich auch durch das Versetzen der Geschossebenen: Es entstehen mehrgeschossige Lufträume und vielfältige Blickbeziehungen zwischen den verschiedenen Ebenen des Gebäudes" (Montag Stiftung 2017, S. 333). Wissen und Kompetenzen werden hier laut Schulleiter in Zusammenarbeit von Lernenden und Lehrenden durch „ein Gebäude, das die Pädagogik vertritt, die wir vertreten und uns gleichzeitig dazu zwingt unterschiedlich zu Arbeiten" erschlossen (Ørestad Gymnasium, 2019). So finden sich auch gemeinschaftliche „Freizeitbereiche" aller Akteure wie die Mensa bzw. die offene

Abbildung 6.16 Ørestad College, spiralförmige Treppe als Zentrum und Treffpunkt, Adam Mørk

Aula, Sporthalle, Musikräume und Verwaltungsbereiche im Erd- und Unterge-schoss. Es ergibt sich ein geschlossenes räumliches und pädagogisches Konzept, das Raum für individualisiertes Lernen, Innovation, Kreativität, das Teilen von Wissen und Erfahrungen sowie interdisziplinäre Zugänge bietet.

6.2.2 Neues Gymnasium Wilhelmshafen

Nach Umbau und Erweiterung zweier Gebäude der Kasernenanlage Wilhelms-hafen von 1919 im Stadtteil Heppens wurden zwei bestehende Gymnasien fusioniert. Bei diesem baulichen Projekt wurde ein Um- und Anbau des beste-henden Gymnasiums durch Hausmann Architekten GmbH, Aachen umgesetzt und 2013 fertiggestellt. Eine lineare Architektursprache zieht sich durch die Neu-bauten sowie den Teil der alten Kaserne und bildet mit der neuen Fassade aus Glas und Metall einen deutlichen Kontrast zu den traditionellen Backsteinbau-ten (vgl. Abbildung 6.17). Das neue Gymnasium Wilhelmshafen ist als offene Ganztagsschule konzipiert und wird von ca. 900 Schülerinnen und Schülern und

80 Lehrkräften genutzt. Das neue Gymnasium ist heute einer der modernsten Schulen Niedersachsens, vertritt ein zeitgemäßes pädagogisches Konzept und hat eine lange Tradition, die aus den beiden fusionierten Schulen hervorgeht (vgl. Neues Gymnasium Wilhelmshafen, 2013). Nach dem Leitbild und Leitsätzen des Gymnasiums werden folgende „Wir"-Aussagen aufgestellt, die besonders die Beziehungsebene (vgl. Abschnitt 2.3.1) in den Vordergrund stellen und in der Architektur berücksichtigt werden:

- „Wir fördern Toleranz und Respekt (…);
- Wir bilden die Toleranz und Persönlichkeit der Schülerinnen und Schüler (…);
- Wir fördern die vertrauensvolle Zusammenarbeit auf allen Ebenen (…);
- Wir schaffen eine freundliche, respektvolle und angstfreie Atmosphäre (…);
- Wir fördern Leistungsbereitschaft, Motivation, Disziplin und Verantwortungsbereitschaft (…);
- Wir fördern die Eigenverantwortlichkeit (…);
- Wir gestalten Lernprozesse so, dass genügend Zeit und Muße zur Verfügung stehen (…);
- Wir lehren und lernen mit Hilfe moderner Medien (…);
- Wir stärken den Bezug der Schule zum Meer (…);
- Wir integrieren das schuleigene Inselheim auf Wangerooge in unser Schulleben (…);
- Wir pflegen die Kooperation mit außerschulischen Partnern und nutzen außerschulische Lernorte" (Neues Gymnasium Wilhelmshafen, 2016)

In diesem Zuge wird Vielfalt bewusst als Bereicherung vermittelt und individuelle Entwicklung jeder einzelnen bzw. jedes einzelnen als zielführend gesehen (Neues Gymnasium Wilhelmshafen, 2013). Als architektonische Maßnahme wurde nach diesen pädagogischen Prinzipien unter anderem vermehrt auf ansprechende Gruppenarbeitsräume und die Gestaltung von Erschließungsbereichen geachtet. So stellen die neuen Erschließungsbereiche, die ehemals ausschließlich als Flure bzw. Fluchtwege genutzt wurden, eine Erweiterung der Unterrichtsflächen dar (vgl. Abbilbund 6.18). Durch ein neues Brandschutzkonzept wurden Durchbrüche in vorhandenen Wänden durchgeführt und Glasflächen eingesetzt (vgl. Hausmann Architekten GmbH, 2013). Ein- und Durchblicke in die einzelnen Lernbereiche werden so integriert (vgl. Abbildung 6.19). Nach dem Organisationsmodell Klassenraum Plus bilden hier jeweils zwei Klassenräume in Kombination mit der Erschließungsfläche und einem offenen Gruppenraum eine Einheit.

Unterrichts- sowie Differenzierungsräume ermöglichen es dem pädagogischen Personal individualisiertes Lernen zu fördern. Im zweigeschossigen Komplex

Abbildung 6.17   Neues
Gymnasium
Wilhelmshafen, neue
Fassade, Anbau

Abbildung 6.18   Neues Gymnasium Wilhelmshafen, Erschließungsbereiche

befinden sich zudem die Mensa, Aula, die Verwaltung, Fachräume und ein zentrales Lehrerzimmer (Montag Stiftung, 2017). „Die zwei genutzten Gebäude werden

Abbildung 6.19 Neues Gymnasium Wilhelmshafen, Einblick in die Lernräume

im Inneren durch geschickte punktuelle Eingriffe für die aktuelle pädagogische
Nutzung alltagstauglich gemacht" (Hausmann Architekten GmbH, 2013).

6.2.3   Erzbischöflichen Berufskollegs Köln

Der Neubau des Erzbischöflichen Berufskollegs Köln wurde 2016 durch 3pass
Kusch Mayerle BDA Architekten, Köln fertiggestellt. Das Sonderflächen sowie
Bibliothek und Cafeteria wurden von Keggenhoff I Partner aus Arnheim entwor-
fen. Die Schule im Stadtteil Köln-Sülz vereint die bisher drei selbstständigen
und an verschiedenen Orten ansässigen Lehreinrichtungen des Berufskollegs.
Die Schule bildet ca. 1100 Schülerinnen und Schüler mit unterschiedlichen
Voraussetzungen für Berufe im Bereich des Sozial- und Gesundheitswesens in
Verbindung mit verschiedenen Schulabschlüssen aus. Durch die katholische Trä-
gerschaft vertritt die Schule ein christliches Menschenbild und versteht dieses als

Grundlage für ihren Erziehungsauftrag. Achtung und Respekt vor jedem Individuum und ein vertrauensvolles Klima miteinander bilden zentrale Pfeiler des Schulprofils. Zielgerichtete und individuelle Begleitung, Wertschätzung, sowie die Befähigung zu Verantwortungsbewusstsein und Toleranz sind besondere Anliegen (Born-Mordenti, 2019). Auf eigenständiges Denken, kritisches Reflektieren und selbstbewusste Partizipation wird im Kollegium Wert gelegt. Die Schule fordert und fördert „jede Schülerin, jeden Schüler, jede Studierende und jeden Studierenden in einem Schulklima der gegenseitigen Achtung und Wertschätzung darin, ihre bzw. seine Ressourcen weiterzuentwickeln, um eine reife Persönlichkeit zu werden" (Born-Mordenti, 2019). Das Berufskolleg steht Schülerinnen und Schülern mit sonderpädagogischem Bedarf und der Förderung im Rahmen von Nachteilsausgleichen offen gegenüber und bietet dies in gemeinsamer inklusiver Beschulung an.

„Das pädagogische Konzept des Berufskollegs setzt auf einen hohen Anteil informellen Lernens in Eigenregie oder in Kleingruppen. Diesem Zweck dienen nicht nur die schwingend geformten Galerien, sondern vor allem die offenen Lernzonen, welche die Reihe der Unterrichtsräume an verschiedenen Stellen unterbrechen" (3pass Architekten Stadtplaner Part mbB Kusch Mayerle BDA, 2016).

Auf ihrer Website wirbt die Schule unter anderem mit dem Punkt „Der Vielfalt Raum geben – Architektur und Pädagogischer Raum am EBK Köln" und reflektiert dabei die Gestaltung des Gebäudes, „Kunst am Bau", den pädagogischen Raum und die offenen Lernzonen. Sie entsprechen dem Organisationsmodell Lerncluster (Hofmeier-Pollak & van Elten, 2018). Unterricht findet am EBK im Klassenverband bzw. in Lerngruppen statt, wird durch intensive Praktika ergänzt und von festen Lehrkräfteteams begleitet und betreut. Eine enge Verzahnung von Theorie und Praxis wird durch außergewöhnlich gestaltete Lernumgebungen (Montessori-Raum, heilpädagogischer Übungsraum, Meditationsraum) erzeugt. Das Berufskolleg lebt „eine Schulkultur mit vielfältigen Formen von Begegnung und Gesprächen, von Festivitäten und Spiel, von Aktion und „zur Ruhe kommen", von Theater und Musik, von Gottesdienst und Kraftquellentagen, von Kulturworkshops und Klassenfahrten (Born-Mordenti, 2019). Zentrum des Gebäudes ist die lichtdurchflutete Halle, die einen Einblick in alle vier Stockwerke und die geschwungenen Galerien in den Obergeschossen gibt (vgl. Abbildung 6.20). Vor der großen Freitreppe fungiert ein großer Raum als Foyer, Bewegungsort und Veranstaltungsraum. „Das Nutzungskonzept überzeugt durch die Schaffung attraktiver und gut funktionierender Flächen mit offenen Lernzonen von hoher

Aufenthaltsqualität" (Ministerium für Schule und Bildung NRW; Architektenkammer NRW, 2018) und gewann unter anderem durch diese Besonderheiten
2018 den Schulbaupreis NRW sowie den Kölner Architekturpreis 2017. Die
große Treppe wird neben Verkehrsweg als Versammlungsort und Sitzmöglichkeit
genutzt. In den schwingenden Galerien wurden vielfältig nutzbare Raumzonen entwickelt, die das Atrium zu einem repräsentativen Ort und eigentlichem
Zentrum des Berufskollegs werden lassen (Kölner Architekturpreis e. V., 2017).

Abbildung 6.20 Erzbischöfliches Berufskolleg Köln, Eingangshalle

    Durch Cafeteria, Gruppenarbeits- und Versammlungsräume werden die persön-
lichen und sozialen Kompetenzen der Schülerinnen und Schüler, die besonders im
Berufsfeld des Gesundheits- und Sozialwesens wichtig sind, gefördert (vgl. Abbildung 6.21). Das neu aufgestellte Selbstlernzentrum und die Bibliothek schaffen
neben den individualisierten Lernorten in der Galerie zusätzliche Rückzugsorte
und Raum für Einzel- und Kleingruppenarbeit (vgl. Abbildung 6.22). Die Qualität der verbauten Materialen und das Farbkonzept des Neubaus schaffen helle und
edle Räume, die den Schülerinnen und Schülern individuelles Entfalten und Raum
zum Lernen ermöglichen (vgl. Abbildung 6.23). So können Schülerinnen und
Schüler der verschiedenen Bildungsgänge gemeinsam am Berufskolleg lernen.

Abbildung 6.21   Erzbischöfliches Berufskolleg Köln, offene Lernzonen und Bibliothek

6.2.4   Die Berufliche Schule Eidelstedt – BS24

Als zentrales Beispiel zukunftsorientierter Bildungsräume wird eine neue Außenstelle der Beruflichen Schule Eidelstedt (BS24) in dieser Arbeit schwerpunktmäßig genutzt und im forschungsmethodischen Vorgehen untersucht. Im Rahmen eines Seminars konkreter inklusiver Berufspädagogik wurden die sogenannten Campus der BS24 im Schulalltag besucht und von lehrenden Akteuren vor Ort präsentiert. Im Anschluss daran wurde ein erneuter Besuch zur Durchführung der zentralen empirischen Forschung durchgeführt. Der besuchte Neubau im Niekampsweg im Stadtteil Eidelstedt, Hamburg wurde 2016 fertiggestellt und zeichnet sich durch sein pädagogisches Konzept und die räumliche Anordnung der

Abbildung 6.22 Erzbischöfliches Berufskolleg Köln, Lernumgebungen

sogenannten Lerncampus aus. Im Kontext beruflicher Bildung wird die Begrifflichkeit der Ausbildungsvorbereitung im Folgenden geklärt sowie dessen Zielgruppen und Akteure eingeleitet, um eine Basis für das Forschungsmethodische
Vorgehen und dessen Diskussion zu schaffen.

Abbildung 6.23 Erzbischöfliches Berufskolleg Köln, Einblick in die Galerien

Abbildung 0.2: ...

Konzept im Kontext beruflicher Bildung 7

7.1 Begrifflichkeit der Ausbildungsvorbereitung

Die Ausbildungsvorbereitung (AV) ist ein bundesweites Konzept, das an berufsbildenden Schulen angeboten wird (Abbildung 7.1). Sie zählt in NRW zur
Anlage A. Die AV vermittelt berufliche Kenntnisse, Fähigkeiten und Fertigkeiten und dient der beruflichen Orientierung. Die Lernenden werden auf eine
berufliche Erstausbildung oder eine Erwerbstätigkeit vorbereitet und erhalten die
Möglichkeit ihren Hauptschulabschluss nach Klasse neun nachzuholen. Die Ausbildungsvorbereitung dauert ein Jahr und wird in NRW in Teil- oder Vollzeit
unterrichtet. „In der Teilzeitform wird der Unterricht mit Angeboten berufsvorbe-
reitender Maßnahmenträger abgestimmt" (Qualitäts- und UnterstützungsAgentur
– Landesinstitut für Schule, 2016). Der Unterricht ist durch einen hohen Pra-
xisanteil geprägt, der durch Betriebspraktika unterstützt wird. In Teilzeit lernen
die Schülerinnen und Schüler zwei Tage am Berufskolleg und drei Tage in
Maßnahmen zur beruflichen Orientierung und zur Vorbereitung auf eine Berufsausbildung (z. B. „Lernen Fördern") oder in einem sozialversicherungspflichtigen
Arbeitsverhältnis.

In Vollzeit besuchen die Schülerinnen und Schüler, je nach Umfang des
schulischen Praktikums, die Schule für 12–36 Unterrichtsstunden. In folgenden
Fachbereichen wird die Ausbildungsvorbereitung angeboten:

- Agrarwirtschaft
- Ernährungs- und Versorgungsmanagement
- Gestaltung
- Gesundheit/Erziehung und Soziales

© Der/die Autor(en), exklusiv lizenziert durch Springer Fachmedien 85
Wiesbaden GmbH, ein Teil von Springer Nature 2021
J. Lengersdorf and A. Hagemann, *Raum für Inklusion*, Forschungsreihe der
FH Münster, https://doi.org/10.1007/978-3-658-32666-1_7

Abbildung 7.1 Berufliche Schule Eidelstedt, BS24 am Niekampsweg in Hamburg. (© F. Aussieker)

- Informatik
- Technik/Naturwissenschaften
- Wirtschaft und Verwaltung

(Qualitäts- und UnterstützungsAgentur – Landesinstitut für Schule, 2016)

7.2   Besonderheiten der Ausbildungsvorbereitung in Hamburg

„AvDual" bezeichnet den Bildungsgang des „Übergangssystems Schule Beruf" der dualisierten Ausbildungsvorbereitung in Hamburg (Sturm, et al., 2014, S. 24). 2011 wurde eine pädagogische Reform der beruflichen Bildung in Hamburg verabschiedet (ebd., S. 30), die weder demografisch noch durch den Fachkräftemangel motiviert ist. Sie fokussiert „pädagogische Grundüberzeugungen und Grundhaltungen gegenüber Jugendlichen:

- Jugendliche wollen unbedingt erwachsen werden und arbeiten!
- Sie wollen ihre Entwicklungsaufgabe Erwachsenwerden lösen!

– Sie spüren oder wissen, dass sie Gelegenheiten brauchen, um Erfahrungen in der Arbeitswelt sammeln zu können!" (Sturm, et al., 2014, S. 150).

Der Alltag lässt wenige Berührungspunkte mit der Arbeitswelt zu. Viele Berufe finden abgeschottet statt. So haben Jugendliche „eigentlich keinen wirklichen Zugang zur Arbeitswelt" (ebd.). Der Bildungsgang AvDual will diese Teilhabe an der Arbeitswelt im Dialog gemeinsam mit Schule, Betrieb und anderen gesellschaftlichen Akteuren ermöglichen. Der Schwerpunkt der AvDual liegt auf der „Dualisierung" und verfolgt den Leitgedanken: „Zeit dort verbringen, wo man hin möchte" (ebd., S. 6). Die Bewältigung dieser Berufswahlentschiedenheit, die für den beruflichen Einstieg erforderlich ist, liegt im Fokus (ebd., S. 161). Die Jugendlichen stammen aus verschiedenen Schulformen. Ihnen soll im Jahr der AvDual, mit hohem Berufspraxisanteil, die Arbeitswelt nähergebracht werden. Ziel der AvDual ist die Berufswahlentschiedenheit und damit die Eingliederung in die Arbeitswelt, in eine Berufsausbildung oder ein Arbeitsverhältnis – ‚keiner soll verloren gehen'. Um dieses Ziel zu erreichen, umfasst die AvDual zwei betriebliche Praktika, die von der Schule begleitet werden. Drei Tage pro Woche verbringen die Schülerinnen und Schüler im Betrieb. Die zwei weiteren Tage besuchen sie die Schule, reflektieren ihre Erfahrungen aus der Arbeitswelt und erhalten weitere schulische Grundlagen. Die Schule orientiert sich an „individualisierten Lehr- und Lernkonzepten" (Hamburger Institut für berufliche Bildung, 2016). Ein Wechsel in eine duale Berufsausbildung oder der Übergang in eine duale Berufsvorbereitung ist nach der Orientierungsphase jederzeit möglich (Hamburger Institut für berufliche Bildung, 2016). Die AV dauert in der Regel ein Jahr, kann bei erfolgreicher Vermittlung früher verlassen werden, oder unter besonderen Umständen um ein weiteres Jahr verlängert werden. Die Zuordnung der Schülerinnen und Schüler der AV ist bezirklich organisiert. Für jede allgemeinbildende Schule im Bezirk ist festgelegt auf welche berufliche Schule ihre Schülerinnen und Schüler im Anschluss gehen (ebd.). Die Ausbildungsvorbereitung will dabei ein auslaufendes Modell sein. Die Berufswahlentscheidung und Beratung soll bereits in der allgemeinbildendenden Schule getroffen werden und somit die AV überflüssig werden lassen. Solange diese jedoch vorhanden ist, muss sie professionalisiert und nach dem Leitmotiv der „Teilhabe und Inklusion" erfolgreich durchgeführt werden (Sturm, et al. 2014, S. 157). Erweitert wird das Konzept AvDual um die Ausbildungsvorbereitung Migranten (AvM-Dual) und die Betriebliche Berufsbildung (BBB) (vgl. Abbildung 7.2).

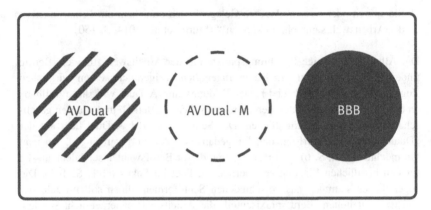

Abbildung 7.2 Bildungsgänge der Ausbildungsvorbereitung in Hamburg

7.3   Zielgruppen und Akteure der Ausbildungsvorbereitung

Die Ausbildungsvorbereitung richtet sich an „Jugendliche ohne oder mit einem ersten allgemeinbildenden Schulabschluss, die noch keine begründete Berufswahlentscheidung getroffen haben" und/oder sich auf eine Berufsausbildung vorbereiten wollen (Hamburger Institut für berufliche Bildung, 2016). Sie nimmt Schülerinnen und Schüler auf, die die Schulpflicht nach Klasse zehn erfüllen und sich in keinem Berufsausbildungsverhältnis nach Berufsbildungsgesetz oder Handwerksverordnung befinden, beziehungsweise einen anderen Bildungsgang der Sekundarstufe II besuchen (Qualitäts- und UnterstützungsAgentur- Landesinstitut für Schule, 2016; Hamburger Institut für berufliche Bildung, 2016). Die AV kann zudem „auch als zehntes Vollzeitpflichtschuljahr gemäß § 37 Absatz 2 Satz 1 SchulG besucht werden" (Qualitäts- und Unterstützungs- Agentur- Landesinstitut für Schule, 2016). Schulpflichtige Jugendliche, die nach Verlassen der zehnten Klasse der Stadtteilschule/Sekundarstufe I oder sonderpädagogischer Schulform keinen Anschluss/Ausbildungsverhältnis haben, erhalten eine Einladung in die Ausbildungsvorbereitung. Schuljahr 2011/12 und 2012/13 besuchten 4.782 Jugendliche in Hamburg die Ausbildungsvorbereitung. Sie waren im Alter zwischen 14 und 20 Jahren, wobei der Großteil (54,9 %) 17 Jahre alt war. 57 % dieser waren männlich, 43 % weiblich. 75,8 % besaßen einen deutschen Pass, gefolgt von Jugendlichen mit türkischem Pass (10,4 %), mit Pässen aus den Ländern des ehemaligen Jugoslawien (4,1 %), afghanischem (1,7 %) und polnischem

Pass (1,1 %). Insgesamt waren 61 Nationen vertreten (Sturm, et al. 2014, S. 159). Nach dem Schuljahr 2012/13 verließen 31,9 % die AV, um eine Ausbildung zu beginnen. 40,6 % der Jugendlichen, die die AV frühzeitig verließen, schlossen bereits im Schuljahr einen Ausbildungsvertrag ab und nahmen ihre Ausbildung auf (vgl. ebd.).

Zwischenfazit und Konkretisierung der Fragestellung

8

Nach pädagogischem und architektonischem Theoriezugang wird auf konzeptioneller Ebene deutlich, wie mit neuen Organisationsmodellen auf tradierte Klassenraum-Flur-Konzepte reagiert wird. Dies bildet den zentralen Untersuchungsgegenstand dieser Arbeit. Die Reaktion auf zentrale Herausforderungen an Raum für Inklusion werden in den Beispielen der Arbeits- und Bildungsräume in der fortschrittlichen und zukunftsorientierten Praxis deutlich. Anhand eines Praxisbeispiels aus der beruflichen Bildung in Hamburg wird der Bildungsgang der Ausbildungsvorbereitung bzw. der betrieblichen Berufsbildung an der BS24 gewählt und im forschungsmethodischen Vorgehen durch empirische Zugänge untersucht. Die Analyse der Praxis vor Ort soll durch qualitative Forschung die subjektive Perspektive zentraler Akteure darstellen und einen Zugang zur Fragestellung geben. Inklusive Schule wird so konkret innerhalb der Schwerpunkte untersucht und schafft anhand von Leitfadeninterviews praktische Zugänge zur Gestaltung und Nutzung von Lernumgebungen. Zielorientiert wird an der BS24 geforscht, um Antworten auf eine zukunftsorientierte berufliche Bildung zu erlangen, die Raum für Inklusion schafft und Schule als einen Lernort für Alle gestaltet und nutzbar macht.

Teil III
Empirische Untersuchung

Forschungsmethodisches Vorgehen und Durchführung 9

9.1 Triangulation von Forschungsmethoden

Das methodische Vorgehen orientiert sich an den Interessen der Fragestellung im Kontext von Raum und Inklusion. Um auf Basis der Theorie die Fragestellung anhand eines Praxisbeispiels konkret zu untersuchen, erfolgt die empirische Forschung in Form einer räumlich-pädagogischen Untersuchung. Dabei wird die Dokumentanalyse beim ersten Besuch vor Ort durch Beobachtungsbögen und Raumpläne unterstützt, um einen Zugang zum Thema zu schaffen und für die räumlich-pädagogische Situation zu sensibilisieren. Hauptbestandteil der empirischen Forschung sind die problemzentrierten Experteninterviews, die mit Akteuren beim zweiten Besuch der BS24 geführt werden. So ist die angelegte Empirie eine Triangulation von verschiedenen Forschungsmethoden, bestehend aus qualitativen Interviews, Dokumentenanalyse und Beobachtungen.

9.2 Dokumentenanalyse und Beobachtung

Die Dokumentenanalyse zählt zu den qualitativ inhaltlichen Techniken (Lamnek & Krell, 2016) und wird hier genutzt, um die Bedingungen an der BS24 darzustellen. Mit der Dokumentenanalyse wird das Datenmaterial erläutert, das nicht in der eigentlichen Datenerhebung gewonnen werden muss. Die gesammelten Informationen werden von den Websites der Schule, der Architekten und der

Elektronisches Zusatzmaterial Die elektronische Version dieses Kapitels enthält Zusatzmaterial, das berechtigten Benutzern zur Verfügung steht https://doi.org/10.1007/978-3-658-32666-1_9.

Innenarchitektin gewonnen. Um diese zu ergänzen werden Beobachtungen vor Ort durchgeführt.

Die Verbindung von pädagogischer Arbeit und Raum spiegelt sich unter anderem in vorhandenen Lehr- und Lernformen im schulischen Alltag wieder. Um dies zu untersuchen, werden beim ersten Besuch der BS24 zwei qualitative Beobachtungsbögen eingesetzt. Es handelt sich um eine Feldbeobachtung in der natürlichen Umwelt der beobachteten Akteure (Döring & Bortz, 2018, S. 332). Die teilnehmende Beobachtung findet in unterschiedlichen Zonen der Lerncampus an der BS24 statt und fokussiert die Beobachtungsobjekte, die hier Lernende, Lernbegleitende und das räumliche Angebot darstellen. Der Umfang der Beobachtung vollzieht sich über den Schultag der BS24 und umschließt innerhalb der Beobachtungseinheiten, das Verhalten und die Eigenschaften in unterschiedlichen Sozialformen sowie die Raumnutzung, Zonierung und Ausstattung der Lernumgebung.

So dienen die Beobachtungsbögen der ersten Annäherung an das Gebäude der BS24 und seiner pädagogischen Ausrichtung. Sie fokussieren die Besonderheiten der räumlichen und beobachtbaren Komponenten der BS24 als inklusive Schule. Der erstellte Beobachtungsbogen „Lernformate" orientiert sich an Kricke, Reich, Schanz und Schneider (2018, S. 38) und differenziert zwischen den Aktions- und Sozialformen „Selbstlernphasen, Gruppenlernphasen, Instruktionsphasen, Wahl- und Pflichtbereichen, Peer-to-Peer Learning und Demokratischem Lernen". Im Zuge des individualisierten Lernens und der Beziehungsebene als feste Bestandteile der inklusiven Didaktik (vgl. Abschnitt 2.3.1 und 3.3.1) spielen die Sozialformen und Interaktionen zwischen den Lernenden und den Lehrenden eine entscheidende Rolle, „um den Bedürfnissen heterogener Lerngruppen entsprechen zu können" (Kricke, Reich, Schanz, & Schneider, 2018, S. 38). Für den Beobachtungsbogen „Lehr- und Lernformate" ist es zentral, die wesentlichen Aktions- und Sozialformen während der Lernzeit am Referenzbeispiel zu beschreiben. Der Beobachtungsbogen „Raum" stützt sich ebenfalls auf Kricke, Reich, Schanz und Schneider (2018, S. 40) und fokussiert die „Raumnutzung und Zonierung" sowie die „Ausstattung, Einbauten und Möbelelemente", um die räumliche Gestaltung angelehnt an die Literatur zu untersuchen (vgl. Anhang, Beobachtungsbögen). Ergänzt wird der Beobachtungsbogen durch einen Plan der Schule, in dem Besonderheiten und Elemente der Raumgestaltung skizziert werden (vgl. Anhang, Raumskizze).

Diese Raumpläne wurden beim ersten Besuch während einer Führung durch den Neubau der BS24 ausgefüllt und am Folgetag im Zuge einer Unterrichtshospitation ergänzt. Prägnantes Mobiliar und besondere Eigenschaften der räumlichen Gestaltung werden hier berücksichtigt. Die Beobachtungsbögen „Raum" und

„Lernformate" wurden bei beiden Besuchen ausgefüllt. Beim ersten Besuch fanden parallel Hospitationen auf zwei verschiedenen Campus statt. Beide beobachteten Lerngruppen gehören der AvDual an und wurden im normalen Schulalltag besucht. Die Beobachterinnen traten bei beiden Besuchen als teilnehmende Beobachterinnen im Unterrichtsgeschehen auf und bewegten sich frei in der Lernlandschaft, um Informationen und Eindrücke zu sammeln. Auch beim zweiten Besuch in der Lerngruppe der BBB nahmen die beiden Beobachterinnen am Schulalltag auf einem Campus teil und notierten die Beobachtungen in den dafür vorgesehenen Bögen.

9.3   Problemzentriertes Experteninterview

Das Problemzentrierte Experteninterview wird als Instrument der qualitativen Forschung für die Betrachtung und Analyse eines Problembereiches gesellschaftlicher Realität verwendet (vgl. Lamnek & Krell, 2016). Dies kann von verschiedenen Seiten bzw. Perspektiven und mit unterschiedlichen Methoden erfolgen.

Im Zentrum des problemzentrierten Experteninterviews stehen die Interviewten und ihre Äußerungen, die auf die Fragestellung und mögliche Ergebnisse abzielen. Als elementare Akteure werden eine Lehrkraft mit mehrjähriger Erfahrung an der BS24 sowie ein Schüler, der Betrieblichen Berufsbildung (BBB) befragt. Beide Personen kennen sich seit Beginn der Ausbildungsmaßnahme und werden mithilfe der Fragebögen zur gleichen Fragestellung unabhängig voneinander befragt. Die qualitative Inhaltsanalyse erfolgt somit aus zwei Perspektiven auf die Probleme bzw. Fragestellung.

Vor eigentlichem Beginn des problemzentrierten Interviews nach Lamnek und Krell (2016) tritt der Forscher bzw. die Forscherin mit theoretisch wissenschaftlichem Vorverständnis die Erhebungsphase an (Lamnek & Krell, 2016, S. 345). Die Erkundung der Interviewenden im Untersuchungsfeld dient zur Ermittlung des Fachwissens. Im Kontext dieser Arbeit findet diese Erkundung durch das vorbereitende Seminar und den Besuch der Schule sowie die Hospitation vor Ort statt. Aus gesammelten Informationen werden Problembereiche der sozialen Realität herausgefiltert und mit dem theoretischen Konzept verknüpft. Das theoretische Wissen und Konzept, das das Verhältnis von Raum und Pädagogik fokussiert, werden hier im realen Geschehen untersucht. Die Konzeptgenerierung durch die befragte Person steht im Vordergrund. Das bestehende wissenschaftliche Konzept wird so durch die Äußerungen der Befragten gegebenenfalls modifiziert. Das

Erzählprinzip dieser Methode arbeitet mit völlig offenen Fragen, die eine Eingrenzung des Erzählbereiches erstellen und zugleich das Angebot eines erzählenden Stimulus erzeugen (Lamnek & Krell, 2016, S. 345). Das Interview funktioniert nach dem Prinzip „a blank page to be filled by the interviewee" (Merton & Kendall, 1956, S. 15, 345) und überlässt den Befragten die Bedeutungsstrukturierung. Die Interviewsituation lässt sich in vier bis fünf Schritte teilen. Die Einleitung dient der Festlegung der erzählenden Gesprächsstruktur und der Problembereiche der sozialen Wirklichkeit, die Thema des Interviews sein sollen und hier den Prozess der Planung des Raumes darstellen. Als allgemeine Sondierung können Beispiele der Interviewenden im Gespräch zur Erzählung anregen und sollen emotionale Vorbehalte zum Thema abbauen (Lamnek & Krell, 2016, S. 346). Spezifische Sondierung erfolgt durch Verständnisgenerierung, die mit Rückspiegeln, Verständnisfragen und Konfrontation erzeugt werden kann. Auch direkte Fragen können gestellt werden, wenn Erzählsequenzen der Themenbereiche unangesprochen bleiben. Neben dem Analyseinstrument des begleitenden Fragebogens (siehe Abschnitt 10.2) kann dem Interview ein standardisierter Kurzfragebogen vorgeschaltet werden. Dies ermöglicht eine erste Aktivierung des Befragten und die inhaltliche Auseinandersetzung mit dem Thema sowie einen günstigen Interviewseinstieg (Lamnek & Krell, 2016, S. 347).

Das problemzentrierte Interview wird nach Lamnek und Krell (2016, S. 347) durch vier Techniken gestützt. Um die Datenerfassung umfassend zu gestalten, wird ein Kurzfragebogen (1), ein Leitfaden für den Einsatz im Interview (2), die digitale Aufzeichnung (3) sowie ein Postscript (4) erstellt. Der Kurzfragebogen dient als einleitendes Instrument der Datenerhebung und -Erfassung, und gibt den Interviewenden einen „Background" für die Auseinandersetzung mit dem Gegenstand des Interviews sowie dessen Interpretation der weiteren Informationen. Dieser wird vor dem Interview von den Interviewten ausgefüllt. Neben der Datenerfassung dient dieser der Sensibilisierung der Interviewten für die Themen im eigentlichen Gespräch. Den Interviewenden steht der Leitfaden als Hilfsmittel zur Steuerung im Verlauf des Interviews zur Seite. Vorüberlegungen und Problembereiche werden hier entwickelt, Themenbereiche strukturiert, angesprochen und behandelt sowie während des Interviews aufgezeichnet (Lamnek & Krell, 2016, S. 347). Dieser dient insgesamt als Gedächtnisstütze und Orientierungsrahmen der allgemeinen Sondierung. Ein digitales Aufnahmegerät zeichnet auditiv das gesamte problemzentrierte Interview auf und dient der späteren Transkription, die mit MAXQDA erfolgt. Zusätzlich zum Transkript wird ein Postscript im Anschluss an das Interview angefertigt. Der Inhalt der Gespräche vor und nach dem Einschalten des Aufnahmegerätes wird hier festgehalten. Falls erforderlich enthält es Angaben über die Rahmenbedingungen des Interviews sowie über nonverbale Reaktionen, wie Gestik, Mimik und Motorik der Befragten (Lamnek & Krell, 2016, S. 347). Die vier Instrumente zu den Interviews an der BS24 und deren Ausführungen finden sich im Anhang (vgl. Anhang). Im Kurzfragebogen (1) finden sich persönliche Angaben, sowie Tätigkeitsbereiche, das eigene Verständnis von Inklusion und Fragen zur Planungsphase des Neubaus bzw. persönliche Fragen zum Bildungsgang, Praktikumsbetrieb, Interessen, persönlichen Stärken und Schwächen. Im eigentlichen Leitfaden findet sich jeweils eine Strukturierung der Themenbereiche Beziehungsebene, multiprofessionelle Teams, Ort des Lernens und individualisiertes Lernen, die sich auf die ausgewählten Schwerpunkte 1.3 und 2.3 im Theorieteil I stützen. Die horizontale Strukturierung zählt die Leitfrage, stichpunktartige „Check"-Fragen, konkrete Fragen, sowie Aufrechterhaltungs- und Steuerungsfragen auf. Während des Interviews werden diese schriftlichen Gedächtnisstützen der Interviewenden von links nach rechts genutzt. Die Fragestellungen sind jeweils an die Befragten angepasst (vgl. Anhang, Leitfaden Lehrkraft und Leitfaden Schüler). Die Interviews wurden im Voraus auf 30–45 Minuten ausgelegt (3), das Postscript stichpunktartig festgehalten (4).

Beim zweiten Besuch der BS24 stehen die problemzentrierten Experteninterviews im Vordergrund. Der Kontakt zur Lehrperson, die auch die Interviewte darstellt, wurde beim ersten Besuch hergestellt. Per Telefon und Email wurde der Kontakt aufrechterhalten. Der Lehrkraft wurde dabei die Auswahl einer beliebigen Schülerin bzw. eines beliebigen Schülers überlassen. Vor Ort fand zum Zeitpunkt des Besuchs für die Durchführung der Experteninterviews ein gewaltpräventives Angebot für junge Frauen und Mädchen außerhalb des Lerncampus statt. Es hielten sich daher an diesem Tag nur junge Männer und Jungen der BBB auf dem Campus auf. Die vorab durch die Lehrerin für das Interview ausgewählte Schülerin stand aufgrund des außercurricularen Angebotes für das Interview spontan nicht mehr zur Verfügung. Anstelle dessen fragte die Lehrkraft einen anderen Schüler der Lerngruppe, der sich sofort zur Durchführung des Interviews bereit erklärte. Das Interview mit der Lehrerin fand nach der Morgenrunde zur Zeit des eigenständig verantwortlichen Lernens statt. In der Lernlandschaft bewegten sich neben den Schülern gleichzeitig zwei andere Lernbegleiterinnen. Das Interview wurde, nach Wunsch der Lehrkraft, an einem Stehtresen innerhalb der Lernlandschaft durchgeführt. Das Gespräch wurde durch drei Situationen kurzzeitig unterbrochen: ein Schüler schien ratlos und wurde kurz von der Lehrerin unterstützt, ein Gast betrat die Lernlandschaft und fragte nach einer Kollegin, eine andere Kollegin hatte organisatorischen Klärungsbedarf. Für die kurzzeitigen Unterbrechungen wurde das 50-minütige Interview nicht gestoppt. Die jeweiligen Störfaktoren finden sich in der Transkription wieder (vgl. Angang,

Postscript). Das Interview mit dem Schüler fand ebenfalls während der eigenständigen Arbeitszeit vor der Mittagspause in einer der freien Studios innerhalb der Lernlandschaft statt. Die beiden Interviewenden saßen mit dem Interviewten an einem gemeinsamen Tisch, an den der Interviewte mit seinem elektrischen Rollstuhl heranfuhr. Alle anderen Schüler befanden sich in Lernangeboten in den anderen Studios, nur vereinzelte Schüler arbeiteten selbstständig innerhalb der Lernlandschaft. Die Lehrerin kam kurz vor Ende des Interviews in den Raum, verließ diesen aber relativ schnell wieder. Das Interview dauerte 30 Minuten. Anschließend verließ der Schüler den Raum zügig, da die Mittagspause bevorstand und seine Mitschüler bereits in der Cafeteria warteten (vgl. Anhang, Postscript).

9.4   Analytisches Vorgehen

9.4.1   Qualitative Inhaltsanalyse

Das empirische Material der leitfadengeführten Experteninterviews wird methodisch nach Prinzipien der qualitativen Inhaltsanalyse nach Mayring (2010) wissenschaftlich untersucht und ausgewertet. Ziel der Analysetechnik der „Zusammenfassung" ist, das Material so zu reduzieren, dass die wesentlichen Inhalte erhalten bleiben und durch Abstraktion einen überschaubaren Corpus bilden, der immer noch Abbild des Grundmaterials ist (Mayring, 2010, S. 65). Im ersten Schritt wird die Analyseeinheit bestimmt. Diese sind die zwei geführten Experteninterviews, die als Transkript vorliegen. Die Codierung nach den Überkategorien „individualisiertes Lernen, Ort des Lernens, MpT, Beziehungsebene, bzw. Umbau" erfolgt deduktiv. Es wird entsprechend der theoriebasierten Fragen des Leitfadens strukturiert. Diese Kategorien sind aus der Literatur abgeleitet und werden in Teil II als wesentliche Bestandteile einer inklusiven Schule beschrieben (vgl. Reich). Eine zweite Codierung gliedert die zuvor aufgestellten Kategorien weiter ein. Als Instrument der Transkription und Codierung dient das Programm MAXQDA. Die Codierungen der Interviews werden numerisch benannt und reichen bei der interviewten Lehrerin von 1–283, beim interviewten Schüler von 1–301. Die Codierungen werden in Microsoft Excel übertragen und tabellarisch angeordnet. Durch die Paraphrasierung werden die transkribierten Aussagen auf ein Abstraktionsniveau gebracht. Diese werden in der Generalisierung weiter abstrahiert, sodass sie zusammenfassend in der ersten und zweiten Reduktion auf die wesentlichen Aussagen reduziert werden. Nicht forschungsrelevante und doppelte Inhalte werden in der ersten Reduktion gestrichen (Mayring 2010, S. 69).

In der zweiten Reduktion erfolgt die eigentliche Zusammenführung der Inhalte. Das Zusammenfassen der Aussagen in Kategoriesysteme (K1–K27) erfolgt induktiv. Die Stärke dieser Analyse besteht gegenüber anderen Interpretationsverfahren darin, dass die Analyse in einzelne Interpretationsschritte strukturiert wird, die vorher festgelegt werden. Sie wird so für andere nachvollziehbar und intersubjektiv überprüfbar (Mayring 2010, S. 59). Die induktive Kategorienbildung „strebt nach einer möglichst naturalistischen, gegenstandsnahen Abbildung des Materials ohne Verzerrungen durch Vorannahmen des Forschers, eine Erfassung des Gegenstands in der Sprache des Materials" (ebd., S. 83). Das ganze Kategoriensystem kann nun im Sinne der Fragestellung interpretiert werden (vgl. Abbildung 9.1).

9.4.2 SWOT-Analyse

Für die Beobachtung der räumlichen Bedingungen an der BS24 wird die SWOT-Analyse eingesetzt. Dieses Instrument zur strategischen Planung von Unternehmen und Organisationen wird auf Basis der Literatur (vgl. Kricke, Reich, Schanz, & Schneider, 2018, S. 436 ff.) eingesetzt, um die Stärken (S = Strengths), Schwächen (W = Weaknesses), Chancen (O = Opportunities) und Risiken (T = Threats) der räumlichen Organisationsmodelle (vgl. Abschnitt 5.3) zu untersuchen. Hier wird die räumliche Ausgangslage der Schule genutzt, „um den spezifischen Fragen hinsichtlich der Anforderungen eines inklusiven Lernsettings sowohl in räumlicher als auch pädagogischer Sicht nachzugehen" (Kricke, Reich, Schanz, & Schneider, 2018, S. 436). Da es sich an der BS24 um räumliche Organisationsmodelle in Form von Lernlandschaften handelt (vgl. Abschnitt 5.3.3), werden ihre Stärken, Schwächen, Chancen und Risiken hinsichtlich inklusiver Pädagogik fokussiert. Auf Basis der Publikation „Raum und Inklusion – neue Konzept im Schulbau" wird eine SWOT-Analyse der Lernlandschaften durchgeführt, die sich auf die Transformation des Bestandes, die Bezugsgruppen, Individualisierung und Differenzierung, Teamstrukturen, Offenheit, Räumliche Identität und Beheimatung, Variabilität und Möblierung sowie Entwicklungsoffenheit und Umbaumöglichkeit bezieht (vgl. Kricke, Reich, Schanz, & Schneider, 2018, S. 468 ff.). Diese werden mit den Schwerpunkten aus der theoretischen Erarbeitung zusammengeführt betrachtet.

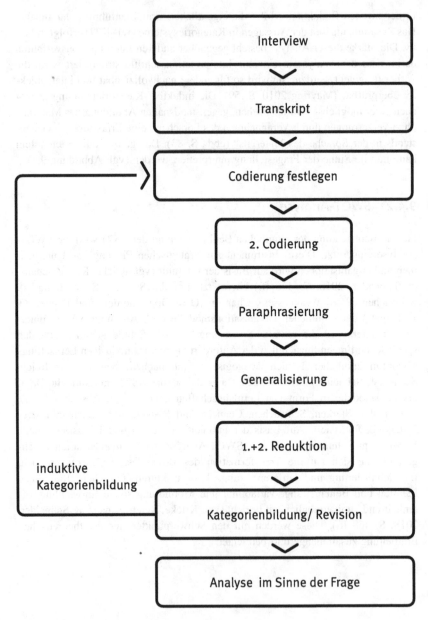

Abbildung 9.1   Qualitative Inhaltsanalyse nach Mayring, 2010 (S. 116)

Ergebnisdarstellung 10

10.1 Dokumentenanalyse

Der Neubau der beruflichen Schule Eidelstedt (BS24) umfasst die Bildungsgänge der Ausbildungsvorbereitung (AvDual), der Ausbildungsvorbereitung Migranten (AvDual-M) und die Betriebliche Berufsbildung (BBB). Sie liegt im nordwestlichen Teil Hamburgs im Bezirk Eimsbüttel am Niekampsweg 25a. Die Außenstelle der BS24 wird als „Urschule" ihrer Art in Hamburg angesehen. Sie gilt als Wegweiser für das Konzept AvDual und vieler weiterer pädagogischer Bereiche, wie der multiprofessionellen Teamarbeit. Mit ihrem Raumkonzept, das im Zuge der strukturellen und pädagogischen Umgestaltung der Ausbildungsvorbereitung in Hamburg stattgefunden hat, zeigt die BS24 neue Wege auf den inklusiven Auftrag von Schule zu erfüllen. „Das selbstgesteuerte und individualisierte Lernen und die Loslösung vom klassischen Unterrichtsraumkonzept" steht im Vordergrund (Wind, 2018). Bei Planung und Realisierung des Neubaus wurde die Schule und das Kollegium durch SchröderArchitekten und die Innenarchitektin Beate Prügner unterstützt. Ein Fachtag mit Prof. Kersten Reich von der Universität Köln brachte in der Phase 0 neue Impulse zum gemeinsamen inklusivem Unterrichten in Teamstrukturen und der neuen Lernlandschaft (Wind, 2018). So ist ein barrierefreier zweistöckiger Neubau entstanden, der über drei Lerncampus à 400 qm (Abbildung 10.1), eine Mensa, ein Atelier, ein kleines Lehrerzimmer und weitere Funktionsräume verfügt (SchröderArchitekten, 2018). Hier wird nach folgendem Leitbild der Schule unterrichtet:

© Der/die Autor(en), exklusiv lizenziert durch Springer Fachmedien Wiesbaden GmbH, ein Teil von Springer Nature 2021
J. Lengersdorf and A. Hagemann, *Raum für Inklusion*, Forschungsreihe der FH Münster, https://doi.org/10.1007/978-3-658-32666-1_10

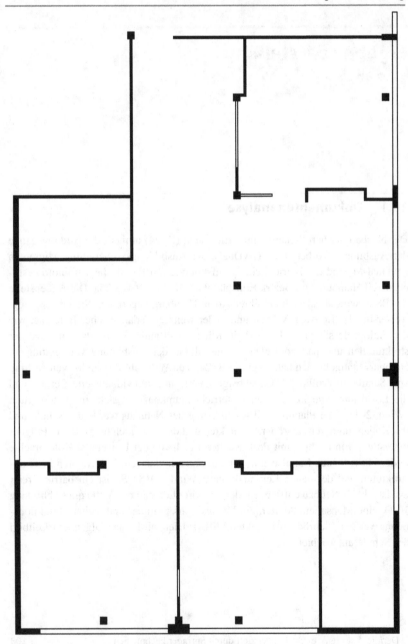

Abbildung 10.1 Plan der beruflichen Schule Eidelstedt, BS24

- Unser Menschenbild leitet unser Handeln: gegenseitige Achtung und Wert-schätzung und das Wissen über Potentiale jedes einzelnen
- Demokratie leben: offener, konstruktiver und kritischer Dialog, Transparenz und solidarisches Miteinander
- Lernende Schule: Lernen als andauernder Prozess in Wechselwirkung mit der Gesellschaft, Schulentwicklung und Multiprofessionelle Teamarbeit
- Lernen ermöglichen: Selbstwirksamkeit individueller Erfolge im Unterricht und beruflicher Praxis, Orientierung an Stärken der Jugendlichen, Praxisori-entierung, handlungs- und lösungsorientierte Lernsituationen und Raumgestal-tung an pädagogischen Zielen ausrichten
- Wir kooperieren: Kooperation mit vielfältigen Partnern und nutzen vorhandene Unterstützungssysteme, Zusammenarbeit mit allgemeinbildenden Schulen und außerschulischen Partnern der Region, betriebliche Partner und Kooperation mit dem Berufsbildungswerk Hamburg

(vgl. Wind, berufliche Schule Eidelstedt – BS24, 2011).

Das pädagogische Konzept, das das Konzept der AvDual aufnimmt und mit dem Hintergrund des Schulleitbildes stetig weiterentwickelt wird, setzt sich wie folgt zusammen (Abbildung 10.2):

10.2   Beobachtungen der Zonierung und Orientierung innerhalb der BS24

Leitsystem
Der Neubau der BS24 am Niekampsweg in Eidelstedt besteht aus drei Lerncampus. Am Eingangsbereich wird man mit einer Übersicht der verschiedenen Bereiche konfrontiert (vgl. Abbildung 10.3 und 10.4). Die farbliche Codierung sticht hier besonders hervor, da sie eine Orientierung innerhalb des Neubaus bietet. Der Ver-waltungstrakt (Büro, Sekretariat und Lehrerzimmer) im Erdgeschoss sind blau gekennzeichnet und befinden sich neben dem orangen Campus A. Linien in blau, cyan und grün führen ab der Treppe zu Campus B und C sowie dem Atelier auf der ersten Etage. Alle Türen sind gläsern, so lässt sich schon von außen erken-nen, dass der Farbton der Linie des Leitsystems dem jeweiligen Campus entspricht. Der Teppich der Sofaecke zur linken ist orange, die Garderobe zur rechten besteht aus orangen Knöpfen und viele weitere Aspekte, wie Mobiliar, die Schülerboxen und Leuchten entsprechen diesem Farbschema. Die Bestuhlung folgt nicht diesem

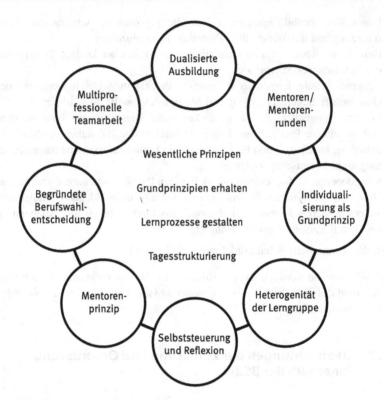

Abbildung 10.2 Pädagogisches Konzept der BS24

Schema. Ab der gläsernen Eingangstür zu den jeweiligen Campus führen Markierungen aus Grundformen auf dem Boden zu den drei verschiedenen Studios (vgl.
Abbildung 10.5). Dabei handelt es sich um weiße Dreiecke, Vierecke und Kreise,
die sich vom dunkelgrauen Boden farblich abheben. Die Form wird neben dem Titel
„Studio 1/2/3" auf der Scheibe neben dem offen gehaltenen Studioeingang aufgegriffen (vgl. Abbildung 10.7). Auch der Tagesplan, der durch die Lehrkräfte gestaltet
wird, greift auf diese Formen zurück, um zu verdeutlichen in welcher Stammgruppe
das jeweilige Angebot stattfindet.

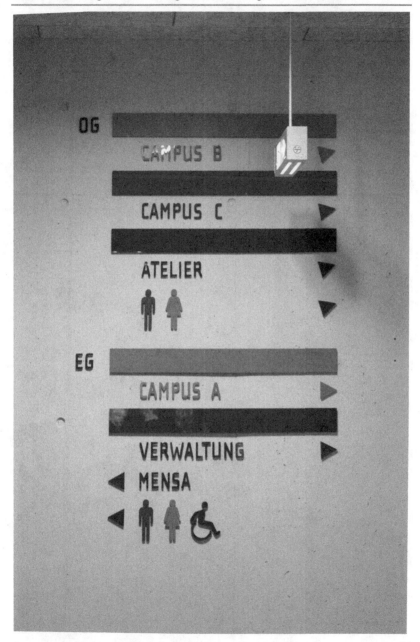

Abbildung 10.3 Farbleitsystem im Treppenhaus

Abbildung 10.4 Farbleitsystem im Treppenhaus

Abbildung 10.5 Bodenmarkierungen aus Grundformen

Lernformate und Raumzonierung, Ausstattung, Einbauten und Elemente
Bei den Campus der BS24 handelt es sich um Lernlandschaften. Die Studios bilden die Heimat der jeweiligen Mentorengruppen. Eine Mentorengruppe besteht aus einem Mentor bzw. einer Lehrkraft und einer Lernendengruppe von acht bis sechszehn Lernenden. Ein Campus besteht aus drei Studios und einer Freifläche, sowie einem kleinen Materialraum. Der Materialraum besitzt die einzige verschließbare Tür auf dem Campus. Alle drei Studios sind vom Eingangsbereich sicht- und einsehbar. Dafür sorgen bodentiefe Glasfenster in den Studios und breite gläserne Eingangsbereiche in den Studioeingängen (vgl. Anhang, Raumplan BS24, vgl. Abbildung 10.1). Befindet man sich in einem Studio, erlauben Glasscheiben Einblicke auf das Geschehen innerhalb der Lernlandschaft. Alle Studios sind zueinander transparent und erlauben Einblicke in jeder Phase des Unterrichts. In jedem Studio befinden sich ein an der Wand befestigtes Smart-Board und ein festes Lehrerpult. Die Anordnung der jeweiligen Studios ist in Richtung Smart-Board, das in Phasen der Instruktion genutzt wird (vgl. Anhang, Beobachtungsbogen Lernformate). In solchen Phasen sammeln sich die Lernenden mit ihren Stühlen um die vorgegebene hellgraue Bodenmarkierung, die sich im Halbkreis Richtung Smartboard öffnet (vgl. Abbildung 10.6 und 10.7). Die Lehrenden nehmen meist eine Position neben dem

Abbildung 10.6 Ruhesessel innerhalb der Lernlandschaft, Bodenmarkierung Studio A3

Abbildung 10.7 Einblick in das Studio A3, Sitzkreis ausgerichtet am Smartboard

Smart-Board und dem Lehrerpult ein, sodass sie Sichtbezug zu ihren Kolleginnen und Kollegen der anderen Studios, sowie der selbstständig arbeitenden Lernenden in der Lernlandschaft haben. Beim Übergang in die Selbstlernphase, in der die Lernenden Ort und Sozialform selbst bestimmen dürfen, löst sich diese Struktur auf und das Studio wird Teil der frei bespielbaren Zone der Lernenden (vgl. Anhang, Beobachtungsbogen Lernformate und Raum). Weiterhin wird ein Studio für die gemeinsame Morgenrunde aller Lernenden des Campus genutzt (vgl. Anhang, Beobachtungsbogen Raum). Die Anordnung im Kreis begünstigt die von mehreren Lehrenden gemeinsam gestaltete Gesprächsrunde. In dieser Gruppenlernphase lernen die Teilnehmenden voneinander, diskutieren aktuelle Themen und tauschen sich zu speziellen Fragestellungen aus (vgl. Beobachtungsbogen Lernformate). Ebenfalls wird das Studio zum Peer-to-Peer-Learning verwendet. Lernende stellen anderen Lernenden anhand von Power-Point-Präsentationen ihre Betriebe oder andere Themenbereiche vor, mit denen sie sich vertieft auseinandergesetzt haben (vgl. Anhang, Beobachtungsbogen Lernformate). Die Freifläche der Lernlandschaft wird meist in der Selbstlernphase genutzt (vgl. Anhang, Beobachtung Lernformate). Hier sind die Lernenden in der Wahl des Platzes und der Sozialform frei. Einige Lernende sammeln sich gemeinsam am Gruppenlerntisch an der linken Fensterseite,

Abbildung 10.8 Stehtisch innerhalb der Lernlandschaft

andere lernen alleine in den Sitznischen vor jedem Studio, neben dem die Lernbo-
xen der Lernenden im Regal hängen, sitzen mit Stühlen an der Fensterbank oder
ziehen sich in die Studios zurück (vgl. Anhang, Beobachtung Lernformate). Parallel
findet eine 1:1 Betreuung statt. Dazu schaffen sich beispielsweise Lehrkräfte und
Teilnehmende einen Besprechungsraum aus schallfesten Stellwänden (vgl. Anhang,
Beobachtung Raum). In der Mitte des Campus, befinden sich an einer Betonsäule
Computerarbeitsplätze, Hochtische und Regale mit Literatur für die Lernenden (vgl.
Anhang, Raumplan BS24). Die Ruhezone der Sofaecke wird durch einen großen
farbigen Teppich markiert (vgl. Abbildung 10.9 und Anhang, Raumplan BS24).
Eine weitere Ruhezone bilden die geschlossenen Sessel, die ebenfalls zum Rück-
zug genutzt werden (vgl. Abbildung 10.6 und Anhang, Beobachtungsbogen Raum).
Eine feste Position im Raum hat ebenfalls der U-förmige Gruppenstehtisch, der
von den Lehrenden für kurze Gespräche, als Arbeitsplatz der Lernenden sowie
als kommunikative Ess- und Trinkzone verwendet wird (vgl. Abbildung 10.8 und
Beobachtungsbogen Raum). An der Wand befindet sich eine kleine Küchenzeile mit
Waschbecken (vgl. Anhang, Raumplan BS24). Auf dem Campus sind neben den
fixierten Möbeln und Sitznischen alle Tische, Stühle, Stellwände und Flipcharts frei
beweglich. Tische gibt es in verschiedenen Höhen und Größen. Alle Fensterbänke

Abbildung 10.9 Ruhezone innerhalb der Lernlandschaft

sind breit genug, um sie als Tische zu nutzen. Die Stühle ermöglichen leises Wippen (vgl. Beobachtungsbogen Raum). Die Fensterfronten rund um den Campus und die Glasflächen der einzelnen Studios in der Lernlandschaft fluten den Raum mit Tageslicht. Weitere Lichtquellen bilden die angepassten Leuchten, die entsprechend der Campusfarbe gestaltet sind (vgl. Abbildung 10.8 und 10.9). Diese dimmbaren Leuchten mit runden farbigen Lampenschirmen, schaffen eine entsprechende Atmosphäre. Sie hängen über dem U-förmigen Gruppenstehtisch, der Bibliothek und der Computerinsel in der Freizone der Lernlandschaft (vgl. Abbildung 10.8 und 10.9). Erweitert ist die Beleuchtung durch weitere Deckenleuchten.

Für eine ruhige Atmosphäre sorgt der schallabsorbierende Boden, der auf dem gesamten Campus ausgelegt ist. Auch die Stellwände und Lampenschirme fangen Schall ab und sorgen für eine entsprechende Akustik (vgl. Abbildung 10.8 und 10.9).

10.3   Qualitative Interviews

10.3.1 Perspektive der Lehrkraft

Die Ergebnisse der problemzentrierten Experteninterviews werden auf Basis des forschungsmethodischen Vorgehens (vgl. Anhang, Leitfäden und Kategorisierung) dargestellt. Die zweite Reduzierung bzw. die induktive Kategorienbildung (K1–K27) dient hier als Basis. Zur Verdeutlichung werden vereinzelt Paraphrasen und Zitate der Interviewten eingesetzt. Die theoretischen Schwerpunkte (Beziehungsebene, MpT, Ort des Lernens, individualisiertes Lernen) sowie die induktive Kategorienbildung (K1–K27) finden sich in beiden Interviews wieder (siehe Anhang). In Abschnitt 10.3.3 werden prägnante Gemeinsamkeiten und Unterschiede der beiden Interviews hervorgehoben und jeweils die Perspektive der Lehrerin dargestellt. Dieses methodische Vorgehen wird gleichermaßen im Abschnitt 10.3.2 für die Ergebnisse aus Perspektive des Schülers angewandt.

Ergebnisse aus dem Kurzfragebogen

Die ausgefüllten Kurfragebögen erlauben eine Skizzierung der Befragten. Der Kurzfragebogen wurde der Lehrerin vor dem Start des Interviews vorgelegt. Nach Berufsausbildung und Lehramtsstudium ist sie seit 36 Jahren als Berufsschullehrerin aktiv und seit 18 Jahren Teil der BS24. Sie blickt auf eine weite Berufserfahrung zurück, lebt und unterrichtet nach ihrem Verständnis von Inklusion: „Jeder ist willkommen – Abbau bzw. Reduzierung der Barrieren für alle – JedeR bekommt individuell die Unterstützung, die er/sie benötigt – „Gnadenlose" Wertschätzung" (vgl. Anhang, Kurzfragebogen Lehrkraft). Ihr Verständnis erweitert sie im Nachtrag per Mail nach dem Interview um: „KeineR soll beschämt werden" (vgl. Anhang, Kurzfragebogen Lehrkraft). Den ersten Kontakt mit Lernlandschaften und alternativen Schulkonzepten hatte sie 2015 (vgl. Interview). Inspirieren lässt sie sich durch „Literatur" (vgl. Anhang, Kurzfragebogen Lehrkraft). Als festes Mitglied des Planungsteams hat sie Hospitationen in der Laborschule Bielefeld und der beruflichen Schule Westerburg initiiert (vgl. Anhang, Kurzfragebogen Lehrkraft).

Schwerpunkt Beziehungsebene

Schon zu Beginn des Interviews wird deutlich, dass die Beziehungsebene eine besondere Rolle für den schulischen Alltag spielt. Besonders die Beziehungsebene innerhalb der Lerngruppe ist von Bedeutung (vgl. K1). Auf den drei Campus der

BS24 treffen verhältnismäßig große Lerngruppen aufeinander, die jeweils einzelnen Mentoren bzw. Lernbegleitern zugeordnet sind und sich auch in entsprechenden Studios innerhalb der Campus wiederfinden. Die Klassen der BBB bestehen dabei aus 24 Teilnehmerinnen und Teilnehmern, die AV Gruppen aus 50–60 Teilnehmerinnen und Teilnehmern (vgl. 40). Es gibt feste Mentorengruppen, die den Studios zugeteilt sind. In diesen hat jede und jeder Teilnehmende einen festen Ansprechpartner bzw. eine feste Ansprechpartnerin (vgl. 42). Die Studios dienen vor allem gemeinsamen Ritualen und bieten einen festen „Anker" für die Treffen am Vor- und Nachmittag (vgl. 40). Die Beziehungsebene der Mentoren untereinander spielt für die Zusammenarbeit innerhalb der Campus eine große Rolle, weil eng im Team zusammengearbeitet wird und Absprachen getroffen werden müssen (vgl. K2, 108, 40). Für kollegiale Beratung und Hilfe ist die Beziehungsebene des Kollegiums untereinander grundlegend und wird von der Mehrzahl dieser geschätzt (vgl. K2, 168, 42, 220). Die Interviewte betont, dass Vertrauen ineinander und die gegenseitige Akzeptanz aller Akteure auf dem Campus elementar sind (vgl. K1, 40). Gleichzeitig treten Probleme und Konflikte wie Lästern und Mobbing auf, die besonders auf „so einer Fläche" durch Intervention der Mentoren thematisiert werden müssen: „Und wenn man da nicht sofort interveniert – und zwar jeder aus dem Team – und sich das einspielt über zwei, drei, vier Wochen, dann ist es schwierig" (vgl. 108, K1). Auf der Beziehungsebene zwischen Mentoren und Lernenden ist Fürsorge wichtig (vgl. K3, 264, 220). Die Zeit am Morgen vor Beginn des Unterrichts und der „Raum zum Ankommen", sowie ein gemeinsames Mittagessen sind wichtige Bestandteile der Beziehungsarbeit: „eine Situation, die sie auch im Betrieb aushalten müssen, mit anderen am Tisch zu sitzen." (vgl. K3, 171, 194). Im BBB zählt dieses mittägliche Ritual nicht als Pause, sondern als Arbeitszeit, in der die Teilnehmerinnen und Teilnehmer lernen, sich an Regeln zu halten und miteinander zu kommunizieren (vgl. 194).

Schwerpunkt MpT

Die multiprofessionellen Teams an der BS24 arbeiten auf Basis einer guten Beziehungsebene (vgl. 186). Für die BBB ist ein Team aus zwei Berufsschullehrerinnen und einer Sonderpädagogin – das am Tag des Interviews besucht wurde – zuständig (vgl. K4, 15). Das gesamte Kollegium der BS24 am Niekampsweg besteht aus Berufsschullehrkräften, Gymnasiallehrkräften, Sonderpädagoginnen und -Pädagogen (vgl. 246). Für die Maßnahme in der Ausbildungsvorbereitung und die BBB gibt es zusätzlich zu den Mentoren bzw. Lehrenden Arbeitsassistierende, die die Teilnehmenden in der praktischen Arbeit im Betrieb unterstützen (vgl. 246). Regelmäßig finden pädagogische Fachtage sowie verpflichtende wöchentliche Sitzungen der einzelnen multiprofessionellen Teams statt (vgl. K4, 22; K5, 26). Die

Treffen der MpTs finden auf dem jeweiligen Campus der Lernbegleitenden statt.
In diesen werden Absprachen getroffen und gemeinsame Unterrichtsplanung und
Koordination besprochen (vgl. K4). Diese Absprachen müssen für die Arbeitstei-
lung und mögliches Teamteaching geführt werden, um individualisierte Lernstile
zusammenzubringen, die sich im Laufe der Jahre entwickelt haben: „Ich kann
ja nicht auf einer Fläche in drei verschiedenen Formen irgendwie arbeiten" (vgl.
K5, 239). Die Zusammenarbeit und das Reagieren auf individuelle Lernstile setzen eine große Flexibilität und spontane Handlungsfähigkeit der Lernbegleitenden
voraus (vgl. K5, 186). Bei diesen Teamsitzungen wird auch die Belegung der
Räumlichkeiten und Bereiche für bestimmte Lehr- und Lernangebote abgespro-
chen und geplant (vgl. K5, 152). Neben der Tätigkeit als klare Ansprechpersonen
für die verschiedenen Teilnehmenden und der Arbeit im Team sind Übergaben an
die anderen MpTs, die auf dem Campus arbeiten, sehr wichtig (K7, 26). Wenn
Austauschbedarf ist und beispielsweise über die räumliche Ordnung gesprochen
werden muss, werden Abteilungskonferenzen und pädagogische Fachtage abge-
halten: „Nächsten Mittwoch müssen wir uns am Anfang – alle drei Teams, die
hier sind – (…) mal kurzschließen und (…) absprechen, wie wir hier arbeiten
wollen und wie wir den Campus hier immer an das nächste Team (…) über-
geben" (vgl. K4, 26). Für die räumliche Anordnung und auch die Planung des
Neubaus gibt es innerhalb der BS24 seit der Phase 0 ein Team von sechs bis
acht Personen (vgl. K6, 238). Vor der allgemeinen Entscheidung für den Neubau,
der Planung und Umsetzung wurde das komplette Team der BS24 miteinbezogen
und ein Konzept erstellt, mit dem 80 % des Kollegiums einverstanden waren (vgl.
235). Auch nach Eingewöhnung gibt es vereinzelt negative Äußerungen zur räumlichen Struktur und Kollegen, die sagen: „Diese Teamarbeit ist mir zu anstrengend
in den großen Teams (…). Ich würde mal gerne wieder so die Tür zu machen können" (vgl. 259). Wenn die Interviewte von der Arbeit in ihrem persönlichen MpT
spricht, beschreibt sie diese insgesamt als „gut" und „unglaublich erleichternd".
Die gesamte Resonanz der Teams innerhalb der Lernlandschaften und Campus
der BS24 im Niekampsweg wird von der interviewten Lehrkraft als „positiv"
beschrieben (vgl. 259).

Schwerpunkt Ort des Lernens

Die Campus der BS24 zeichnen sich durch unterschiedliche Raumzonen und eine
hohe Multifunktionalität aus (vgl. K8). Die drei Studios pro Campus bilden feste
Treffpunkte für die Morgenrunden und Reflektionen an den Unterrichtstagen (vgl.
K8). Auch nach Unterrichtsende werden diese vom Personal für MpT Sitzungen
genutzt (vgl. K8, 53). Glasflächen und wenige Türen ermöglichen Transparenz,
die Ruhe in die Räumlichkeiten bringt (vgl. K8, 78, 81). Gleichzeitig sind alle

Akteure dazu veranlasst die Arbeitslautstärke durch die Offenheit der Räume gering zu halten, damit „der Lernpegel erheblich reduziert wird" (vgl. K8, 81). Das Mobiliar ermöglicht den Lernenden Bewegungsfreiheit und eine Eigengestaltung des Raumes (vgl. K8). Die Interviewte betont, dass es für niemanden eine räumliche Einschränkung gibt, die Lernlandschaft barrierefrei gestaltet ist und Lernmaterialien für jeden und jede zugänglich sind (vgl. K8, 84, 86, 93, 95). Die Lernenden verändern bei Bedarf die Räumlichkeiten:

> *„Es gibt Leute, die arbeiten in Studios, wenn sie alleine arbeiten und holen sich Stell-wände. Manche holen sich auch keine Stellwände, um das abzugrenzen (...), setzen sich so, dass sie aus dem Fenster gucken können und setzen sich Mickymäuse (Gehör-schutz) auf. Das reicht ihnen aus. Es gibt auch Leute, (...) die sagen: ‚Wir arbeiten zu dritt zusammen und wir möchten gerne hier in der Sonne sitzen'. Dann holen die sich einen Tisch hier hin und drei Stühle und dann bauen sie sich das auf" (vgl. 111).*

Die Grundraumanordnung bleibt in allen Situationen beibehalten, ein Wechsel des Arbeitsplatzes ist selbstbestimmt möglich (vgl. K8). Das Gebäude am Niekampsweg bietet für alle drei Campus ein Beratungszimmer, das für ‚Vier-Augen-Gespräche' zwischen Lernbegleitenden und Teilnehmenden konzipiert ist, regelmäßig genutzt und oft belegt ist (vgl. K8, 141, 142). Die Lernlandschaft erlaubt die Arbeit in flexiblen Gruppengrößen (vgl. K8). Bei Bedarf kann auf die Räumlichkeiten der Cafeteria oder das Atelier im Obergeschoss ausgewichen werden (vgl. K8, 155, 158). Die Aufteilung der Campus ermöglicht verschiedene Lernformen: „Es gibt wenig was fest ist. Wir können es immer so einrichten, dass es passt. Und wir haben, wenn wir eine ganz große Fläche bräuchten, (...) noch das Atelier, das wir dann buchen können" (vgl. 155). Die BS24 versucht für jede Teilnehmerin und jeden Teilnehmer der verschiedenen Maßnahmen eine Atmo-sphäre und Umgebung zu schaffen, in der jede und jeder weiterkommen kann: „Wenn man sich wohlfühlt, kann man auch lernen und sich weiterentwickeln" (vgl. K9, 62,64). Für das morgendliche Ankommen werden die Lichtquellen in der Lernlandschaft gedimmt, um eine angenehme Stimmung zu erzeugen: „Es ist gerade im Winter noch ein bisschen gedämpft. Und es ist so Zeit, um wirklich anzukommen und vielleicht mit jemandem zu sprechen und (sich) vielleicht (...) in den Stuhl zu setzten" (K9, 171). Die räumliche Transparenz der Lernlandschaft trägt dieser Atmosphäre bei und „bringt sehr viel mehr Ruhe rein" (vgl. K9, 81). Die Lehrenden fühlen sich nach Aussage der Interviewten weniger gestresst, da mehrere Lernbegleiter für einen Campus zuständig sind (vgl. K9). Im Vergleich zum vorherigen schulischen Konzept sind sie weniger Stress und verminderter Reizüberflutung ausgesetzt (vgl. K9, 181, 191). Das Mobiliar der Lernlandschaf-ten schafft zudem persönliche Rückzugsorte für Lernende und Lehrende: „Wir

haben festgestellt, dass Menschen auch Rückzugsmöglichkeiten brauchen, dass
auch das Bedürfnis nach Pausen nicht unbedingt von einem Klingeln" bestimmt
wird (vgl. K9, 62, 194). Die Gestaltung eines Leitsystems mit Farbcodierung
hilft bei der Orientierung im Schulgebäude (vgl. K10). Die farbliche Aufteilung
sowie Leitlinien in Symbolform auf dem Boden der Lernlandschaften unterstützen
besonders Schülerinnen und Schülern mit Aufmerksamkeitsstörungen (vgl. K10,
71). Innerhalb der Studios gibt es farblich abgesetzte Markierungen für Sitzkreise:
„Zur Morgenrunde setzt man sich so hin, dass es gut passt – abhängig von der
Markierung" (vgl. K10, 136). Auch die farbliche Markierung der Arbeitsmaterialien pro Campus ist differenziert, um den Teilnehmenden Orientierung zu bieten:
„Wenn die reinkommen, dann erkennen die das hoffentlich wieder, dass sie im
richtigen Campus sind, weil der orange ist. Es gibt noch einen blauen und noch
einen grünen" (vgl. K10, 71). Der Raum ermöglicht nach Aussagen der Interviewten Lehren und Lernen nach inklusivem Verständnis und eine Verbesserung
des pädagogischen Stils (vgl. K13, 254, 260). Der Raum ist jedoch nicht explizit
Teil des formulierten pädagogischen Konzepts der Schule (vgl. K14, 163).

Schwerpunkt Individualisiertes Lernen

Für individualisiertes Lernen gibt es an der BS24 feste Ansprechpersonen und
tägliche individuelle Beratung (vgl. K13). Die Morgenrunden bieten den Schülern ein Angebot, um ihr individuelles Lernen zu planen: „Wo bin ich, was
möchte ich und welche Ziele setze ich mir?" (…) Wer kann mich wie unterstützen, was will ich dazu in der Schule machen?" (vgl. K13, 38). Während
der freien Arbeitsphasen unterstützen die Lernbegleiter, wenn die Teilnehmenden
merken „ich kann mich heute gar nicht konzentrieren" und überleben mit ihnen
„was könnte dir helfen? Und wäre das eine Hilfe?" (vgl. K13, 160). Die Schülerinnen und Schüler haben dazu feste Mentoren und Ansprechpersonen, können
sich aber auch an die anderen Lernbegleiter wenden. Mentoren ohne Angebot
sind während der Selbstlernzeit immer Lernbegleitende und Unterstützende (vgl.
K16, 47). „Die Jugendlichen, die nicht selber planen können, was sie machen
wollen, (…) bekommen natürlich Unterstützung dabei" (vgl. 208). Während des
Arbeitens bekommen die Jugendlichen Hilfe (vgl. K16). Täglich finden im BBB
individuelle Gespräche statt (vgl. K16, 208). Wenn zum Ende des Unterrichtstages
die Reflexion stattfindet, wird mit Hilfe der am Morgen ausgefüllten Tagesziele
überprüft: „Was habe ich wirklich gemacht und wie war das?" (vgl. K16, K19,
208). Für die AV gibt es individualisierte Lernpässe bzw. Wochenprotokolle, in
denen Arbeitsprozesse gemeinsam festgehalten, weiterentwickelt und dokumen-
tiert werden (vgl. K19, 132). Die Themenfindung erfolgt selbstbestimmt, aus der
betrieblichen Praxis heraus und ist aktuellen Gegebenheiten angepasst (vgl. K19,

38). Das Lerntempo ist laut der Interviewten unbedeutend, da es in den Bildungsgängen der AV und BBB keine zentralen Abschlussprüfungen gibt (vgl. K19, 216). Beratungsgespräche vor und nach der jeweiligen Maßnahme (AV oder BBB) sind Teil der Bildungsordnung: „das ist ein Einzelgespräch. Das dauert eine halbe/dreiviertel Stunde, ein ganz ausführliches" (vgl. K19, 210). Neben dem Aufnahmegespräch finden im BBB zweimal im Jahr Gespräche zwischen den Teilnehmern, dem individuellen Mentor und der Arbeitsassistenz statt (vgl. K16, 38, 210). Die AV Teilnehmenden, die im Gegensatz zur BBB nicht ein, sondern zwei Tage pro Woche in der Schule sind, nehmen an vier Gesprächen dieser Art im Jahr teil (vgl. K16, 210). Während der fest integrierten Arbeitszeiten in der Schule ist kooperatives Lernen gewünscht: „kooperatives Lernen findet hier viel öfter statt als in so einem Klassenraum" (vgl. K17, 218). Die Partnerarbeit ist dabei abhängig von den jeweiligen Teilnehmenden (vgl. K17, 122). Es ist dabei üblich, dass Lernende anderen Lernenden helfen und sich gegenseitig unterstützen (vgl. K17, 180, 220). Auf Basis einer guten Beziehungsebene und Vertrauen zueinander helfen sich die Teilnehmenden bei möglichen Schwächen und Beeinträchtigungen (vgl. K17, 220). So erwähnt die Interviewte eine Situation innerhalb der Lernlandschaft über einen Teilnehmer, der funktioneller Analphabet ist: „Wenn er sagt: ‚ich brauche Hilfe" waren früher alle genervt. Jetzt wissen alle: ‚er kann das ja nicht lesen, also gehe ich schnell hin und helfe ihm'" (vgl. K17, 220). Die Lernlandschaft trägt so zu einem großen Teil den individualisierten Lernformen bei und wird den unterschiedlichen Bedürfnissen der Lernenden gerecht: „Weil wir schon immer (…) mit sehr unterschiedlichen Menschen arbeiten und jeder Mensch – das ist offensichtlich – (was Anderes braucht) um sich wohlzufühlen" (vgl. K18, 62). Der Raum bietet so Arbeitsplätze für jedes Individuum und erfüllt den Wunsch nach mehr Rückzugsmöglichkeiten, die Individualisierung erleichtern (vgl. K18). Das Zusammenbringen verschiedener pädagogisch individualisierter Konzepte auf einer Fläche wird so ermöglicht und eine freie Platzwahl der Teilnehmenden geschaffen (vgl. K18, 239, 253). Im Kontext von individualisiertem Lernen äußert die Interviewte die suboptimale zeitliche Strukturierung im Zusammenspiel mit den räumlichen Gegebenheiten, die durch die personelle Besetzung der Lehrenden an zwei Schulstandorten und die Angebote der Cafeteria strukturiert sind: „Mir wäre eine freie Pausengestaltung lieber. Aber wir haben hier einen wunderbaren Caterer (…) in der Kantine. Der kann auch nicht für die paar Schüler den ganzen Tag geöffnet haben. (…) Auch dafür müssen wir dann die festen Zeiten einhalten." (vgl. K18, 222).

Planung und Umsetzung der BS24 am Niekampsweg

Die Planung eines Neubaus für das Schulgebäude im Niekampsweg wurde durch den damaligen stellvertretenden Schulleiter angestoßen und im Team verschiedener Professionen abgestimmt, konzipiert und umgesetzt (vgl. K22). Beispiele aus der Praxis, wie die Laborschule Bielefeld und die berufliche Schule in Westerberg wurden vor der Entscheidung für den Neubau mit 18 Lehrkräften besucht (vgl. K20, 235). Nachdem die Eindrücke der Praxisbeispiele dem gesamten Kollegium vorgestellt wurden, stimmte die Mehrheit für ein neues räumliches Konzept (vgl. K22, 235). Es folgte eine enge Zusammenarbeit im Planungsteams, bestehend aus 6–8 Lehrkräften, den Architekten und einer Innenarchitektin (vgl. K22, 235). Schülerinnen und Schüler waren am Prozess nicht beteiligt (vgl. K22, 266). In der sogenannten Phase 0 erfolgte in diesem Zuge eine pädagogische Weiterentwicklung (vgl. K22, 238). Eine Innenarchitektin, die sich ebenfalls intensiv mit pädagogischen Fragen auseinandersetzte stimmte mit den Architekten und dem Planungsteam ein geeignetes Farb- und Raumkonzept ab, für das sie unter anderem Mobiliar und Raumzonen der 400qm großen Fläche ausarbeitete. Zu dem Zeitpunkt waren bereits einige Vorstellungen und Wünsche des Lehrerplanungsteams vorhanden (vgl. K22, 235). Die geplanten Maßnahmen wurden eingeschränkt umgesetzt, was vor allem durch verwaltungstechnische Konflikte und Geldmängel zu begründen ist (vgl. K23, 30). Die Reaktion auf die Veränderung der schulischen Umgebung war weitestgehend positiv und stieß auf große Überzeugung (vgl. K24). Einige Kolleginnen und Kollegen äußerten Bedenken, teils verließen Personen das Kollegium (vgl. K24, 250). Laut der Interviewten folgte eine schnelle Gewöhnung an die neue Lernumgebung und Atmosphäre (vgl. K21, 256). Es gab kein Treffen mit externen Professionen, die maßgeblich an der Fertigstellung des Neubaus beteiligt waren (vgl. K21). Ein Rückblick auf die räumliche Situation – so die Interviewte – ist nach 5 Jahren angedacht (vgl. K21, 34). Sie setzt sich dafür ein ihre Erfahrung aus eigener Planung an Interessierte und andere Schulen weiterzutragen und sieht sich als Multiplikator ihrer Erkenntnisse in veränderter architektonisch-pädagogischer Umgebung (vgl. K2, 34).

10.3.2 Perspektive des Schülers

Ergebnisse aus dem Kurzfragebogen

Den Kurzfragebogen Schülerin/Schüler füllt der Interviewte im Anschluss an das Interview aus. Der 22-jährige deutsche Schüler besuchte vor Einschulung in die BS24 eine Förderschule und ist seit fast 1,5 Jahren (Oktober 2017-Januar

2018) Teilnehmer der Bildungsmaßnahme BBB. Zum aktuellen Zeitpunkt besitzt er keinen schulischen Abschluss und strebt im Moment auch keinen an. Sein Praktikum absolviert er an einer Tankstelle, in der er sich besonders für die „Kasse" interessiert (vgl. Anhang, Kurzfragebogen Schülerin/Schüler). Seine persönlichen Interessen sind „Zocken, Kino und mit Freunden treffen" (vgl. Anhang, Kurzfragebogen Schülerin/Schüler). Beim Ausfüllen der persönlichkeitsbezogenen Auffälligkeiten kommt er ins Zögern und schaut seine Mentorin (interviewte Lehrkraft), die in diesen Moment den Raum betritt, an. Nach längerem Überlegen schreibt er „Rollstuhlfahrer" (vgl. Anhang, Kurzfragebogen Schülerin/Schüler. Daraus lässt sich schließen, dass er dies nicht als persönlichkeitsbezogene Auffälligkeit ansieht oder es ihm schwerfällt diese zu formulieren. Als Stärke beschreibt er nach einiger Überlegungszeit sein „Durchhaltevermögen" (vgl. Anhang, Kurzfragebogen Schülerin/Schüler). Die Frage nach Unterstützung umgeht er und streicht diese selbstbewusst weg. Er beantwortet „meine Schwächen" mit „Lasse mich leicht ablenken" (vgl. Anhang, Kurzfragebogen Schülerin/Schüler). Zum Ende des Fragebogens zeichnen sich zunehmende Rechtschreibfehler ab. Die Leserlichkeit seines Schriftbildes wird zudem undeutlicher. Dies kann sich durch seine abnehmende Konzentrationsfähigkeit nach Ende des Interviews sowie das bereits erwähnte Auftreten der Lehrerin erklären. Hier spiegelt sich die von ihm genannte Schwäche der Ablenkung wieder.

Schwerpunkt Beziehungsebene

Der Lernende betont die Wichtigkeit der Beziehungsebene. Besonders die „Beziehungsebene untereinander" und mit den zuständigen Lernenden und Lehrenden ist fester Bestandteil der Gemeinschaft an der BS24 (vgl. K1 und K3). In Interaktion mit den Mentoren hebt der Interviewte das Duzen hervor. Dies wird durch ein Handeln auf „Augenhöhe" unterstrichen (vgl. K3, 150). Prägend ist die Wertschätzung untereinander, die durch gegenseitigen Respekt aufrechterhalten wird. Das gemeinsame Arbeiten und das Gefühl eine „große Gemeinschaft" zu sein verstärkt die gute Atmosphäre, die zwischen Lehrenden und Lernenden herrscht, verdeutlicht die besondere Wertschätzung und hebt die Bedeutung der Beziehungsebene hervor (vgl. K1). Diese äußert sich darin, dass es „egal" ist, mit wem zusammengearbeitet wird (vgl. K1, 267). Der Zusammenhalt wird als „große Gemeinschaft" umschrieben, es findet gegenseitiger Austausch und gemeinsames Lernen statt (vgl. K1, 50). Die kleine Schülerschaft unterstützt die gute Atmosphäre untereinander, jedoch treten auch Probleme wie Lästereien auf (vgl. K1). Diese werden als „anstrengend" betitelt (vgl. K1, 207). Trotz der guten Atmosphäre, die das gemeinsame Lernen begünstigt, gibt es den Wunsch nach mehr Rücksichtnahme auf Beeinträchtigungen (vgl. 295). Der im Rollstuhl sitzende Schüler äußert sich:

„(es) fehlt da (…) manchmal die Ansicht, dass ich manchmal gerne mit vorne
stehe, weil ich da nicht immer so weit oben bin" (295). Gegenseitige Achtung
voreinander und Rücksichtnahme der Lernenden aufeinander stärkt die „große
Gemeinschaft" (vgl. K1, 50). Die Atmosphäre, Anzahl der Lernenden und gute
Beziehung aller Akteure auf dem Campus ermöglicht das gemeinsame Lernen
und Lehren in einer offenen Lernlandschaft (vgl. K1 und K3).

Schwerpunkt MpT (S. 135)

Dem Schwerpunkt MpT sind die Kategoriesierungen „Ansprechpartner", „Veran-
kerung" und „subjektive Sicht" induktiv entnommen (vgl. K25, K5 und K26). Im
Alltag des Schülers bilden Lehrende und Arbeitsassistierende feste Anlaufpunkte.
Die Arbeitsassistierenden bilden die Ansprechpersonen im Betrieb und besuchen
je nach Fortschritt und Bedarf die Lernenden am Praktikumsplatz (vgl. 60). Die
Lehrenden sind die Ansprechpersonen in der Schule. Jeder und jedem Lernenden
sind Lernbegleitende fest zugeordnet (K25; 54). Dennoch sind alle Mentoren ver-
antwortlich und verfügbar: „Ich kann mich, glaub ich, wenden an wen ich möchte"
sagt der Interviewte (vgl. 58). Es gibt „gemeinsame tägliche Rituale", die durch
alle Lehrkräfte gemeinsam geleitet werden (vgl. K5). Im Schulalltag spiegelt sich
das Teamteaching wieder (vgl. 80). So gestalten Lehrende gemeinsam Angebote
(vgl. 80). Auch werden gemeinsame tägliche Rituale von allen Lehrenden zusammen organisiert und unterrichtet (vgl. K5, 79). Die Lehrenden treten auch neben
den Unterrichtsettings als Team auf und agieren, wie auch die Lernenden untereinander, als Team (vgl. K5). Neben dem Teamteaching und der gemeinsamen
Zuständigkeit der Lehrenden für alle Lernenden, ist den Lernenden bewusst, dass
es trotz allem eine klare räumliche und personale Zuordnung gibt: „das wird
zugeordnet", „das war von Vornherein so" (vgl. K5, 73, 76). Die Lernenden werden zu Beginn ihrer Schulzeit einem Studio und der entsprechenden Lehrperson
zugeteilt. Aus subjektiver Sicht des Lernenden wird die Teamarbeit der Lehrenden als gut empfunden. Unterstrichen wird dies durch die Beziehungsebene, die
Offenheit in der Arbeitsweise, dem räumlichen Campus und der Methode: „Ich
finde das auch so gut, dass das alles hier so offen ist" (vgl. K26, 72).

Schwerpunkt Ort des Lernens

Der Interviewte ist mit der Lernlandschaft des Campus zufrieden: „Ich würd das
alles so lassen, wie es ist!" (vgl. 284). Gerade für den Interviewten stellt die Barrierefreiheit ein besonderes Bedürfnis dar (vgl. K11). „Desto weniger Barrieren
man hat, natürlich desto besser", fasst er zusammen (vgl. 98). „Kurze Wege" und
„wenig Flure" vermindern das Auftreten von räumlichen Barrieren – wie Türen,
zu enge Flure, Ballungspunkte – und vermeiden, dass der Befragte mit seinem

Rollstuhl für andere zur Barriere wird (vgl. 110). Der Zugang zu allen Materialien ist für alle gewährleistet (vgl. K11, 203). Dazu gehören Literatur, feststehende PCs und die eigene Arbeitsbox mit „Stiften drin, einem Collegeblock drin und die ganzen Zettel" (vgl. 203). Der Zugang zu den Laptops ist durch die Lehrkräfte gesteuert, die erst den Raum aufschließen müssen (vgl. 203). Danach ist für jeden das Arbeiten mit einem Laptop frei auf der Fläche möglich (vgl. 203). Jede und jeder Lernende hat seinen eigenen Account (vgl. 203). Die Toiletten im Neubau der BS24 sind barrierefrei gestaltet (vgl. K11, 215). Einige Türen bilden Barrieren, da sie nicht, wie alle anderen Türen auf dem Campus elektrisch gesteuert sind (vgl. 212). Die Tür, die den Zugang zum Campus darstellt ist beispielsweise nicht elektrisch (vgl. 209). Dies äußert der Interviewten hinsichtlich baulicher Veränderung am besuchten Campus (vgl. K11, 284). Der Ort des Lernens ist geprägt durch seine Atmosphäre, die durch verschiedene Eigenschaften beeinflusst wird (vgl. K9). Die offene Lernlandschaft wird positiv angenommen und gefällt dem Interviewten (vgl. 72). Sie ermöglicht Bewegungsfreiheit und besseres konzentriertes Lernen als in herkömmlichen Schulorganisationsmodellen (vgl. K9, 34). Insgesamt hilft der Raum beim Lernen (vgl. K9, 137). Verschiedene Ecken und die Auswahl der unterschiedlichen Arbeitsplätze gestatten es einen eigenen Arbeits-/Lernplatz zu finden (vgl. 226). Wichtiger Faktor für eine gute Atmosphäre ist das Wohlfühlen in den Räumlichkeiten und an verschiedenen Orten im Raum (vgl. K9, 185). Dazu gehört auch der Lieblingsort, der frei wählbar ist (vgl. K8, 184). Stolz diese Schule zu besuchen und die Identifikation mit der Schule tragen dazu bei, dass der Interviewte am Campus gerne lernt (vgl. 113). Dieses Gefühl wird nicht nur durch den Raum, sondern auch durch die Beziehungsebene und den Umgang miteinander beeinflusst (vgl. K3). Das im Campus und im ganzen Gebäude angewandte Leitsystem empfindet der Interviewte als hilfreich (vgl. K10, 102). „Besonders für funktionelle Analphabeten" ist dies von Bedeutung (vgl.106). Weitere Markierungen, wie ein oranger Teppich, definieren verschiedene Raumzonen (vgl. K10, 217). So gibt es weitere Raumzonen mit klaren Funktionszuordnungen, wie die feststehenden PC's, die großen Ruhesessel und eine orange Couchecke für Ruhe (vgl. 189). Auch Rituale sind ortsgebunden, so findet die Morgenrunde immer im Studio und das Mittagessen immer in der Cafeteria außerhalb des Campus statt (vgl. K8, 270). Gleichzeitig erwähnt der Interviewte, dass es „keine feste Zuordnung von Arbeitsplatz und Funktion generell" gibt (vgl. 201). Die Freifläche ist frei gestaltbar (vgl. K8, 172). Der Interviewte nutzt diese Möglichkeit nach eigenen Aussagen eher weniger (vgl. K8, 175). Er betitelt den hohen Tisch als seinen „Lieblingsort", an den er mit seinem elektrischen Rollstuhl ranfahren kann: „Ich steh da gerne (...) irgendwie" (vgl. 184). Eine Vielzahl verschiedener Angebote und die Raumgröße gibt jeder und jedem Lernenden die Möglichkeit ihren und seinen Platz zum Lernen zu finden (vgl. K8, 216). Der Interviewte bevorzugt „ruhige Ecken zum Arbeiten" (vgl. K8,134,184). Ein großer Raum verleitet zur Ablenkung durch andere Personen und ermöglicht gleichzeitig diesem zu entfliehen und immer den richtigen Platz zum Lernen zu finden (vgl. K8, 166, 227). Neben der Einzelarbeit ist kooperatives Lernen an verschiedenen Orten möglich, beispielsweise werden hier der hohe Tisch und Gruppentische gezeigt (vgl. K8, 266). Um die Vielfalt der verschiedenen Bedürfnisse und Sozialformen zu bedienen, bedarf es verschiedenem Mobiliar, das der verlangten Situation angepasst werden kann (vgl. 134, 172). Auch der Außenbereich zählt zu den Zonen, die die Lernenden nutzen (vgl. K8, 160). Ob sie das machen ist jahreszeitenabhängig, da dieser Außenbereich nicht gerade attraktiv gestaltet ist (vgl. 155). Der Wunsch nach einem abgetrennten Außenbereich besteht (vgl. K8, 160). Eine allgemeine Weiterentwicklung der Lernlandschaft ist für die Lernenden bislang nicht beobachtbar (vgl. K8, 125).

Schwerpunkt Individualisiertes Lernen (S. 138)

Das „individualisierte Lernen" als Bestandteil inklusiver Schule äußert sich im Schulalltag durch „individualisierte Beratungen", „kooperatives Lernen", die Definition von „Lernzielen" und die Bedingung persönlich passend zu Lernen (K6, K17, K19 und K27). Beratungen finden regelmäßig statt und werden durch die Lernbegleiter am Standort Schule und Betrieb durchgeführt (vgl. K16, 229). Hier werden langwierige Ziele und Inhalte von den Lernenden selbst festgelegt (vgl. K16, 117, 233). Die Morgenrunde thematisiert die täglichen Ziele (vgl. K19, 242). Tägliche Lernziele geben Orientierung für den Tag: „dann kann man nochmal, wenn man nicht mehr weiß, was man sich vorgenommen hat und man hier planlos steht, (…) diesen Zettel angucken und weiß dann, was man dann noch machen wollte" (vgl. K19, 242). Die Freiheit der Wahl der Inhalte unterstützt die Lernenden bei beispielsweise der Vorbereitung auf Praktika und stärkt so ihr Selbstbewusstsein im Berufsalltag (vgl. K19, 274). Die freie Inhaltswahl ermöglicht die genaue Vorbereitung auf die in der Arbeitswelt verlangten Fähig- und Fertigkeiten und hilft im Vorhinein mögliche Schwierigkeiten aus dem Weg zu räumen (vgl. K19, 274). Der Lernende kann zwischendurch Pause machen und die Lernzeit selbstständig steuern (vgl. K19, 193). Es gibt verschiedene Orte, an denen kooperatives Lernen stattfindet (vgl. K8, 140). Auch die Form des gemeinsamen Lernens ist frei wählbar: „man (kann) dann entscheiden, möchte ich in einer Gruppe zusammen lernen und arbeiten" (vgl. K17, 140). Kooperatives Lernen äußert sich in der gegenseitigen Hilfe und dem Lernen mit Mitlernenden (vgl. K17, 255). Die Reflektion der täglichen Lernziele in der Abschlussrunde ist fester Bestandteil des Tagesablaufs in der Schule (vgl. K19, 246). Hier liegt der Fokus auf der persönlichen Reflektion des eigenen Tages: „am Ende des Tages setzen wir uns nochmal zusammen und gucken nochmal, was habe ich erledigt und wie fand ich das selbst" (vgl. 246). So organisieren die persönlichen Ziele und Zielvereinbarung der Beratungsgespräche den Schulalltag der Lernenden, gehen gezielt auf ihre Bedürfnisse und speziellen Anforderungen des Praktikumsplatzes ein, steuern selbstbestimmend die Form des Lernens und fördern dadurch die eigene Handlungsfähigkeit (vgl. K19, 274; K16, 228).

10.3.3 Prägnante Gemeinsamkeiten und Unterschiede

Aus den Ergebnissen der problemzentrierten Experteninterviews mit der Lehrerin und dem Schüler sind einige prägnante Gemeinsamkeiten und vereinzelt Unterschiede in den Ergebnissen festzustellen. Die Interviewleitfäden sind an die schulischen Akteure der Lehrkraft und des bzw. der Lernenden angepasst. Die konkreten Fragen innerhalb der Schwerpunkte und Leitfragen sind auf die jeweilige Perspektive ausgerichtet. Einzelne Ergebnisse bzw. Antworten der Interviewten, die Unterschiede aufweisen, lassen sich gleichzeitig auf die unterschiedlich formulierten Fragen innerhalb des Interviewleitfadens zurückführen. Beim Vergleich der Interviewleitfäden (siehe Anhang) ist zu erkennen, dass die Leitfragen den gleichen Untersuchungskontext anstreben, sich aber in den konkreten Fragen teils deutlich unterscheiden. So wurde die Lehrerin beispielsweise innerhalb des Schwerpunktes ‚Individualisiertes Lernen' gefragt: „Inwieweit fließt der Raum bei der Weiterentwicklung des päd. Konzepts mit ein?" wohingegen der Schüler mit Fragen wie „Gibt es hier Orte an denen Du am liebsten/besonders gut lernst?", „Was ist entscheidend dafür?" konfrontiert wurde. Da sich die qualitative Forschung auf die subjektiven Perspektiven der zentralen schulischen Akteure konzentriert, ist davon auszugehen, dass zu einigen Punkten verschiedene persönliche Deutungsweisen entstehen.

Ergebnisse Beziehungsebene
Im Schwerpunkt der Beziehungsebene finden sich viele Gemeinsamkeiten der Deutungsweisen beider Akteure. Die Beziehungsebene spielt für die Lehrkraft als auch den Schüler eine besondere Rolle und ist fester Bestandteil der „großen Gemeinschaft" an der BS24 (vgl. 10.3.1 und 10.3.2). Vor allem vom Schüler wird diese Ebene – im Vergleich zu seiner vorherigen Schule – sehr geschätzt und im Interview mehrmals betont. Auch die Lehrerin verdeutlicht, dass die Beziehung der Akteure untereinander eine grundlegende Ebene darstellt und elementar für den schulischen Alltag ist. Gegenseitige Akzeptanz und Vertrauen sind hier zentral. Die Atmosphäre,

die durch solche Werte geprägt ist, wird zwischen den Lehrenden und Lernenden als
gut beschrieben. Die besondere Wertschätzung jedes Einzelnen und jeder Einzelnen
findet statt, welche sich im beschriebenen Inklusionsverständnis des Kurzfragebo-
gens der Lehrkraft wiederfindet (vgl. 10.3.1). Ein gemeinsames Lehren und Lernen
wird so ermöglicht. Neben den vermehrt positiven Äußerungen erwähnen beide, dass
innerhalb der Lernlandschaft auch soziale Probleme gibt, die durch Lästereien, und
Mobbing ausgelöst werden. Der Schüler betitelt diese als „anstrengend", die Lehrerin betont, dass in solchen Momenten ein direktes Thematisieren und Intervenieren
von pädagogischer Notwendigkeit ist, um die Beziehungsebene nicht langfristig zu
gefährden (vgl. 10.3.1). Im Vergleich zum Schüler betont sie wie wichtig Rituale des
Ankommens und die gemeinsame Mittagspause aller Akteure sind. Sie thematisiert
zudem die Bedeutung der Beziehung zu ihren Kolleginnen sowie das Aufeinandertreffen verhältnismäßig großer Lerngruppen aufeinander. Kontrastierend dazu
empfindet der Schüler die Größe der Schülerschaft als relativ klein und empfindet
dies als unterstützend für eine gute Atmosphäre untereinander. Auch erwähnt er im
Gegensatz zur Lehrperson die Bedeutung des Kommunizierens und Handels „auf
Augenhöhe" (vgl. 10.3.2). Er erlebt das gegenseitige Duzen der Lehrenden und
Lernenden untereinander als positiv. Zudem nennt er im negativen Kontext, dass
er sich insgesamt mehr Rücksichtnahme auf Beeinträchtigungen von Seiten der
anderen Akteure wünscht und gegenseitige Achtung wichtiger Bestandteil dieser
ist.

Ergebnisse multiprofessioneller Teamarbeit
Die Teilnehmenden der AV und BBB haben im schulischen und beruflichen Alltag feste Ansprechpartnerinnen und -Partner. Beide Interviewten beschreiben, dass
Mentorinnen und Mentoren während des schulischen Lernens begleiten und die
Arbeitsassistierenden im Praktikumsbetrieb Unterstützung geben. Es bildet sich
somit ein kleines Team um jeden Schüler bzw. jede Schülerin. Eine gute Betreuung
steht hier im Zentrum. Beide Akteure berichten von gemeinsamen täglichen Ritualen
sowie der Gestaltung von Lehr- und Lernangeboten. Die Arbeit in der Gemeinschaft
innerhalb der Lernlandschaft wird von Lehrerin und Schüler als angenehm wahrgenommen, welches sich auch im Schwerpunkt der Beziehungsebene bestätigt. Auch
die Kooperation der Lehrenden, die sich beispielsweise in der allgemeinen Koordination und im Teamteaching widerspiegelt wird von beiden als gut und von der
Lehrkraft insbesondere als „unheimlich erleichternd" beschrieben (vgl. 10.3.1). Insgesamt unterscheiden sich die Aussagen im Schwerpunkt „MpT" der beiden relativ
stark, widersprechen sich jedoch nicht. Die Lehrkraft beschreibt ihre Rolle innerhalb eines Teams aus unterschiedlichen Lernbegleitenden, der Schüler aus seiner

Perspektive auf die Arbeit der Lehrenden. So erzählt die Lehrkraft von organisatorischen und pädagogischen Konzepten und ihrer Verpflichtung im Team zu arbeiten und erläutert wie regelmäßige MpT-Treffen stattfinden. Sie erklärt wie sich die MpTs der BS24 zusammensetzen und beschreibt die klare Zuordnung der Ansprechpersonen für jeweilige Schülerinnen und Schüler. Auch diese Zuordnung wird vom Schüler als positiv wahrgenommen und erwähnt. Anders als die Lehrende betont er im Kontext der multiprofessionellen Teamarbeit vor allem die ganzheitliche Offenheit, die sich auf das Team aus Lehrenden sowie die Gemeinschaft am Campus bezieht. Er nimmt dies aus seiner Perspektive als besonders und außergewöhnlich war.

Ergebnisse Ort des Lernens
Innerhalb der Ergebnisse des Schwerpunktes Lernen finden sich einige deckungsgleiche Aussagen der Interviewten, aber auch einige Diskrepanzen, die sich auf die räumliche Situation der Lernlandschaft und dessen Nutzung beziehen. Beide Befragten erwähnen die Nutzung der festen Treffpunkte auf dem Campus. So dienen beispielsweise die Studios der verschiedenen Mentorengruppen zur Morgenrunde und Reflexion am Nachmittag. Auch Markierungen auf dem Boden, die bestimmte Bereiche abtrennen und das Leitsystem werden von beiden bewusst wahrgenommen und als hilfreich angesehen. Die Fläche innerhalb der Lernlandschaft wird als flexibel aufgefasst, ruhige Ecken zum Arbeiten und Pausieren wahrgenommen, bei Bedarf verändert und auf flexible Gruppengrößen angepasst. Verschiedene Sozial- und Arbeitsformen sind so möglich. Beide Befragten betonen, dass sie sich auf dem Campus wohlfühlen und dort arbeiten können. Die Lehrerin nennt zudem die Transparenz der Räumlichkeiten, die durch Glasflächen und wenige Türen ermöglicht wird. Aus ihrer Perspektive wirkt sich diese Transparenz auf die Arbeitslautstärke aus und bringt Ruhe in die Räumlichkeiten. Der Schüler erwähnt, dass er seine favorisierten Orte auf dem Campus besitzt, die räumliche Weite aber auch zur Ablenkung verleiten kann. Ebenfalls beschreibt er im Kurzfragebogen im Zuge seiner Schwächen: „lasse mich leicht ablenken" (vgl. Anhang, Kurzfragebogen Schülerin/Schüler). Ein weiterer Unterschied findet sich im Verständnis von Barrierefreiheit innerhalb der Campus. Die Lehrerin drückt aus, dass es für niemanden eine Einschränkung gibt und dass die Lernlandschaft barrierefrei gestaltet ist. Der Schüler hingegen erwähnt – neben allgemeiner positiver Einstellung zu vorhandenen barrierefreien Lösungen –, dass einige Türen für ihn Barrieren darstellen. Indirekt thematisiert er seine körperliche Einschränkung bzw. die Angewiesenheit auf seinen elektrischen Rollstuhl, auf die er zögerlich im nachträglich Kurzfragebogen unter „persönlichkeitsbezogene Auffälligkeiten" erwähnt. Auch der Zugang zu allen Arbeitsmaterialien ist nicht immer vorhanden. Zudem äußert er den Wunsch

nach einem abgetrennten Außenbereich, auf den die Lehrerin nicht eingeht. Sie
verbringt ihre Pausen innerhalb der Lernlandschaft.

Ergebnisse individualisierten Lernens

Individualisiertes Lernen ist fester Bestandteil an der BS24 und wird von beiden
Interviewten begrüßt. Beratungen durch die Lernbegleitenden und Arbeitsassistierenden finden regelmäßig statt und erfolgen individuell. Langfristige aber auch
tagesspezifische Lernziele werden von Lernenden selbst festgelegt, verfolgt und
reflektiert. Individualisierte Lernpässe bzw. Wochenprotokolle unterstützen die Themenfindung und -bearbeitung. Die freie und praxisorientierte Inhaltswahl sehen
Lehrerin und Schüler als gewinnbringend an und machen es möglich individuelle Schwierigkeiten und Herausforderungen zu überwinden. Kooperatives Lernen
und Hilfestellungen der Lernenden untereinander sind wesentliche Bestandteile des
Schultages. Durch die Erzählungen des Interviewten wird deutlich, dass die selbstbestimmte Form des Lernens begrüßt und als förderlich hinsichtlich seiner eigenen
Handlungsfähigkeit empfunden wird. Im Vergleich der beiden Interviews stellt sich
heraus, dass die Lehrende pädagogische und organisatorische Richtlinien genauer
ausführt, beide Interviewten jedoch ein einheitliches Verständnis des individualisierten Lernens innerhalb ihrer Bildungsmaßnahme besitzen. Wesentliche Unterschiede
der Aussagen in beiden Interviews weisen sich nicht auf. Zentrale Bestandteile wie
individuelle Beratungen, Ansprechpartner und Instrumente, die den Lernprozess
begleiten und Reflexion ermöglichen, stellen feste Pfeiler des pädagogischen Konzeptes dar. Es wird deutlich, dass sich diese Form des Lernens und Arbeitens positiv
auf das Selbstwertgefühl des Schülers auswirkt und er sich ernstgenommen fühlt.
Lediglich hinsichtlich der räumlichen Barrieren fühlt er sich eingeschränkt und verdeutlicht, dass es für ihn selbst möglich ist realistische Ziele zu setzen und diese
beispielsweise zum Vorteil für seine praktische Arbeit im Praktikumsbetrieb und
in seiner zukünftigen Arbeitsstelle zu nutzen. Die Begrifflichkeiten der Schwächen
und Beeinträchtigungen finden sich im Gespräch mit dem Schüler nicht wieder.
Erst im Interview mit der Lehrenden wird darauf eingegangen. Auch im Kurzfragebogen wurde deutlich, dass der Schüler zögerte seine Schwächen zu formulieren
und zu benennen. Besonders beim Punkt „persönlichkeitsbezogene Auffälligkeiten"
brauchte er einige Zeit, um dies in Worte zu fassen. Auch beim Punkt „Stärken"
zögerte er. Die Lehrerin betont im Interview, dass die gute Beziehungsebene und
das Vertrauen aller Akteure ineinander dazu beiträgt mögliche Schwächen und
Beeinträchtigungen zwar wahrzunehmen, aber diese durch gegenseitige Hilfe und
individuelle Fortschritte zu überwinden und nicht weiter zu thematisieren.

10.4 SWOT-Analyse

Die SWOT-Analyse führt die Ergebnisse der Dokumentenanalyse, Beobachtungen und Experteninterviews zusammen und strukturiert sich entsprechend der Themenbereiche: „Räumliche Ausgangslage", „Bezugsgruppen", „Individualisierung und Differenzierung", „Teamstrukturen", „Offenheit", „Räumliche Identität und Beheimatung", „Variabilität und Möblierung" und „Entwicklungsoffenheit und Umbaumöglichkeit" (vgl. Kricke, Reich, Schanz, & Schneider, 2018). Die jeweiligen Stärken (Strengths), Schwächen (Weaknesses), Möglichkeiten (Opportunities) und Risiken (Threats) der Lernlandschaften und des Neubaus der BS24 werden zu jedem Themenbereich erläutert.

Räumliche Ausgangslage
Stärken der BS24 am Standort Niekampsweg sind vor allem durch die Situation und Planung eines Neubaus ermöglicht, dessen bauliche Anforderungen an das pädagogische und räumliche Konzept der BS24 entsprechend der Realisierung einer inklusiven Schule und Lernlandschaften in Zusammenarbeit mit Experten von Grund auf realisierbar macht (vgl. 10.1). Der Prozess der Umstrukturierung und Neubauplanung, der das Engagement vieler Lehrenden und die Bereitschaft des damaligen Schulleiters verlangt, kann als Schwäche und Hürde hinsichtlich seines organisatorischen Aufwands und der zeitlichen Dauer gesehen werden. Es wurde ein Konzept aufgestellt, das sich im bestehenden Schulgebäude nicht realisieren ließ. In der Phase des Neubaus verließen Kolleginnen und Kollegen die BS24, weil sie die neue pädagogische und räumliche Ausrichtung der Schule nicht vertraten (vgl. 10.3.1). Ebenfalls ist zu beachten, dass im Neubau am Niekampsweg nur zwei Bildungsgänge der BS24 beheimatet sind und sich der zweite Standort nicht in unmittelbarer Nähe zum Neubau befindet. Entsprechend ist die Anzahl aller Lernenden an der BS24 im Verhältnis zu anderen beruflichen Schulen und ihren Standorten relativ klein. Die Aufteilung auf die verschiedenen Campus auf den zwei Etagen des Neubaus ermöglicht es so kleine Lerngruppen zusammenarbeiten zu lassen (vgl. 10.1). Die Chancen liegen in der räumlichen Anordnung von Lernlandschaften und der pädagogischen Arbeit in MpTs. Sie erlauben den Lehrenden ihren pädagogischen Stil gemeinsam und entsprechend der pädagogischen Ausrichtung der Schule zu finden, zu vereinen und neue Ideen im Team auszuprobieren und weiterzuentwickeln (vgl. 10.3.1). Risiken birgt die freie Weiterentwicklung des räumlichen Konzepts ohne Beratung durch Expertisen aus (Innen-)Architektur. Stärken der räumlichen Gestaltung und stringente Konzepte sind so durch subjektive Neigungen und Vorstellungen der Lernbegleitenden gefährdet (vgl.10.3.1).

Bezugsgruppen

Die Stärke der Campus an der BS24 liegt in dem großen Gemeinschaftsgefühl, das vermittelt wird (vgl. 10.3.1 und 10.3.2). Eine Vielzahl Schülerinnen und Schüler mit unterschiedlichen Voraussetzungen und Neigungen lernt hier gemeinsam. Mehrere Lehrende unterrichten parallel und gemeinsam auf dem Campus und sind für alle Teilnehmenden Ansprechpartner (vgl. 10.3.2). Jede und jeder Lernende ist einer festen Mentorengruppe zugeordnet, die als feste soziale Bezugsgruppe zählt und durch eine feste Ansprechperson geleitet wird (vgl. 10.3.1 und 10.3.2). Als Schwäche kann aufgezählt werden, dass im laufenden Schuljahr ein Personalwechsel im Lehrendenteam stattgefunden hat. Dies kann zur Folge haben, dass die Lernenden, die nur ein- bis zweimal wöchentlich die Schule besuchen, Probleme haben innerhalb ihrer einjährigen Bildungsmaßnahme Bindungen zu ihren Bezugspersonen zu entwickeln. Insgesamt birgt die BS24 durch ihre Beziehungsebene viele Chancen für ein soziales Gefüge und demokratisches Miteinander. Die Schule als Lebensraum wird attraktiver, da sie sich von klassischen Schulen unterscheidet. Hier findet auf Basis von Respekt und Vertrauen individualisiertes Lernen statt. Auf Augenhöhe wird kommuniziert, Lehrende und Lernende duzen sich (vgl. 10.3.1 und 10.3.2). Verstärkt wird dies durch bewusste Bezeichnung der Lernenden als Teilnehmer und Teilnehmerinnen (vgl. 10.3.1). Risiko birgt die Nichtakzeptanz oder das Rausbrechen aus dem gemeinsamen inklusiven Konzept beispielsweise durch eigenwillige und nichtkooperierende Lehrkräfte (vgl. 10.3.1).

Individualisierung und Differenzierung

Der Fokus auf das selbstgesteuerte Lernen stellt eine der Stärken dar, die das Konzept der Lernlandschaft an der BS24 bereithält. Die Lernenden können sich Inhalte frei suchen, wechselnde Angebote zu unterschiedlichen Themen werden von den Lehrenden bereitgestellt, Ergebnisse vor der Gruppe präsentiert und die Sozialform sowie Lernort variiert (vgl. 10.3.1 und 10.3.2). Alle Lernformate inklusiver Ausrichtung können hier praktiziert werden (vgl. 10.2). Geprägt ist dies durch die gemeinsame inklusive Haltung aller Beteiligten (vgl. 10.3.1). So wird bei Störungen des sozialen Miteinanders sofort interagiert (vgl.10.3.1). Das selbstbestimmte Lernen stellt jedoch für manche Lernende eine große Herausforderung dar. An der BS24 wird versucht durch die Tagesstrukturierung und passende Arbeitsmaterialien darauf zu reagieren (vgl. 10.3.2). Bildungsgänge der AV und BBB werden von den Lernenden nur ein Jahr besucht. Schülerinnen und Schüler, die zuvor noch keine Berührung mit Selbstorganisation und der Freiheit im Raum hatten, werden durch die räumliche und pädagogische Offenheit herausgefordert, die eine Schwäche des Konzepts und der Freiheit des Campus darstellt. Chancen liegen dem gegenüber in der Möglichkeit das Miteinander zu üben. Beispielsweise erfolgt das Mittagessen verpflichtend innerhalb der Lerngruppe (vgl. 10.3.1). Das Lernen miteinander wird in kooperativen Lernformaten trainiert und die Rücksichtnahme auf einer entsprechend großen Fläche zueinander mit Anpassung des Lärmpegels geschult (vgl. 10.3.1 und 10.3.2). Risiken stellen mögliche Unterforderungen der Lernenden dar, die sich Lernziele setzen, die nicht ihrem kognitiven Niveau entsprechen. Ein nicht einheitliches Leistungsniveau beziehungsweise nicht einheitlich angestrebter Schulabschluss begünstigt diese Situation und stellt eine Besonderheit der vorgestellten Bildungsmaßnahmen im Vergleich zu anderen dar.

Teamstrukturen
Die große Stärke im Neubau der BS24 ist die Arbeit in multiprofessionellen Teams, die das Unterrichten in einer Lernlandschaft ermöglichen (vgl. 10.3.1). Gemeinsam wird Unterricht vorbereitet, Unterricht wöchentlich in kleinen MpTs reflektiert und in Form von Fachtagungen weiterentwickelt (vgl. 10.3.1). Die Lehrkraft als Einzelkämpfer wird abgelöst (vgl. 10.3.1). Diese verbessert die Qualität des Lehrens und Lernens und verringert die Belastung jeder und jedes einzelnen (vgl. 10.3.1). Auch wird durch die Arbeit im MpT der Stundenausfall reduziert, da jede Lehrkraft die andere jederzeit vertreten kann (vgl. 10.3.1). Das MpT setzt sich aus verschiedenen Expertisen zusammen. So gehören beispielsweise sonderpädagogische Lehrende zu den festen Pfeilern des MpTs und unterscheiden sich in ihren Aufgaben nicht von den anderen Lehrenden. Sie sind genau wie diese über den ganzen Schultag verfügbar (vgl. 10.3.1). Durch die Vielzahl der Professionen wird die Beziehung zwischen den Lehrenden und Lernenden verstärkt. Lehrende können sich Zeit nehmen, um Lernende im laufendem Schulalltag zu beraten, individuell zu unterstützen, zu fordern und zu fördern (vgl. 10.3.1). Den Lernenden stehen immer verschiedene Bezugs- und Vertrauenspersonen zur Verfügung (vgl. 10.3.2). Zudem dient das Zusammenspiel im MpT als Vorbild für die selbstständige Teamarbeit der Lernenden (vgl. 10.3.2). Schwächen dieses Konzeptes sind unter anderem der Standortwechsel der Lehrpersonen, die sich nicht alleinig im Konzept der Lernlandschaften befinden (vgl. 10.3.2). Viele kleine Schritte müssen im Team besprochen werden. Individuelle Beratung und Besuche am Praktikumsplatz verlangen einen hohen Zeitaufwand und organisatorische Fähigkeiten. Chancen bietet die Arbeit im MpT besonders in der gegenseitigen Unterstützung und der dadurch entstehenden Verbesserung der Lehre. Zudem können die Lehrenden sich konzentrierter auf die Lernbedürfnisse der einzelnen einlassen (vgl. 10.3.2). Ein Risiko birgt die unterschiedliche Bezahlung der einzelnen Lehrenden nach deren Qualifikationen bei gleicher Arbeit (vgl. Kricke, Reich, Schanz, & Schneider, 2018, S. 410). Im Interview kommt dies jedoch nicht zur Sprache.

Offenheit

Die Beteiligten der Lernlandschaft heben die Offenheit des Campus als Stärke der BS24 hervor (vgl. 10.3.2). Sie umschließt die Interaktion miteinander, die Freiheit in der Wahl der Sozial- und Aktionsform sowie die freie Gestaltung des Raumes (vgl. 10.3.1 und 10.3.2). Mobiliar kann nach Bedarf umgestellt werden, um gemeinsame Lernorte zu schaffen (vgl. 10.2). Grundlegend dafür sind klare Regeln im Schulalltag und die Absprache mit dem MpT des Folgetages (vgl. 10.3.1). Eine so große Freifläche birgt die Gefahr, dass sie als Lagerstätte für Material genutzt wird. Um dies nicht zur Schwäche des Systems werden zu lassen, benötigt es klare Übergabeabsprachen und genügend Lagerfläche (vgl. 10.3.1 und 10.3.2). Viele Lernende und neue Lehrende sind mit der Offenheit unvertraut. So beinhaltet die unterrichtliche Freiheit das Risiko langer Umgewöhnungsphasen, die das Lehren und Lernen zu Beginn erschweren (vgl. 10.3.2). Durch diese Offenheit sind Lehrende und Lernende scheinbar immer ansprechbar und häufig mit Irritationen und Ablenkungen konfrontiert (vgl. 10.3.2). Die Barriere jemanden innerhalb der Lernlandschaft anzusprechen ist sehr niedrig (vgl. 10.3.2). Eine räumliche und pädagogische Offenheit gibt den Lernenden die Chance ihre Selbstständigkeit zu fördern und somit ihr Selbstvertrauen zu stärken (vgl. 10.3.2).

Räumliche Identität und Beheimatung

Der gesamte Campus wird zur Heimat der Lernenden. Die Stärke der BS24 liegt vor allem in der räumlichen Struktur der Schule. In der Gestaltung und Benennung der Zonen werden die Unterschiede zu herkömmlichen Schulen sofort sichtbar (vgl. 10.2). So lassen sich beispielsweise keine tradierten Klassenraum-Flur-Strukturen finden und die Räume tragen Bezeichnungen wie: „Campus", „Atelier" und „Studio". Der Besuch erfüllt die Beteiligten der Campus mit Stolz (vgl. 10.3.2). Die unterschiedliche Farbigkeit unterstreicht die Zugehörigkeit zum jeweiligen Campus (vgl. 10.3.2). Weiterhin hilft ein campusinternes Leitsystem die passen-de Stammgruppe/ Mentorenrunde zu finden (vgl. 10.2). Die räumliche Wohlfühlatmosph.re wird durch die Zonen, die sich beispiels weise auf Ruhe, Kommunikation und Austausch konzentrieren sichtbar (vgl. 10.3.2). Ergänzt wird der Campus um eine gemeinsame Cafeteria, ein Atelier, einen Außenbereich und Verwaltungsräume (vgl. 10.3.1 und 10.3.2). Eine Schwäche besteht in der farblichen Raumzuordnung des Leitsystems. So sind beispielsweise die Toiletten und ein Campus mit derselben Farbe ausgezeichnet (vgl. Abbildung 10.3). Eine weitere Schwäche des Neubaus besteht darin, dass die Campus keine gesonderten Räume für Lehrkräfte bereithalten und auch das zentrale „Lehrerarbeitszimmer" wenig Raum für ruhige individuelle Arbeitsplätze bietet. Es fehlt an Beratungsräumen (vgl. 10.3.1). Der Außenbereich ist für die Lernenden nicht attraktiv gestaltet (vgl. 10.3.2). Dennoch erreichen die farbliche Orientierung und die räumliche Aufteilung eine Orientierung an den Bedürfnissen der Lernenden und bieten die Chance einen geschützten Raum zum Lernen und Lehren zu nutzen.

Variabilität und Möblierung
Das Mobiliar kann für verschiedene Lernsettings und Bedürfnisse genutzt werden (vgl. 10.3.1 und 10.3.2). Unterstützend wirkt die Variabilität und Mehrfachnutzung der Möblierung und der Raumzonen der Lernlandschaft (vgl. 10.2). So befindet sich die Stärke darin, dass Lernende in der Selbstlernphase ihren passenden Lernort finden und gestalten können (vgl. 10.3.2). Schwächen ergeben sich aus dem Fehlen von vorgegebenen Einzelarbeitsplätzen, die erst selbstständig gestaltet werden müssen. Die Lernenden und Lehrenden müssen die Bereitschaft mitbringen, in den Raum einzugreifen und diesen für ihre individuellen Bedürfnisse zu verändern (vgl. 10.3.2). Schwere und unhandliche Tische erschweren dies. Die Chance der Variabilität und Möblierung der BS24 zeichnet sich durch die Vielfalt der Möglichkeiten auf der Lernlandschaft aus. Sie fördert das individualisierte und kooperative Arbeiten der Lernenden und fördert die Handlungsorientierung der Teilnehmenden (vgl. 10.3.1 und 10.3.2). Ein großes Risiko verbirgt sich in der Weiterentwicklung der Campus ohne das Hinzuziehen von Experten in das Planungsteam (vgl. 10.3.1).

Entwicklungsoffenheit und Umbaumöglichkeit
Stärke der Lernlandschaft an der BS24 liegt in den Möglichkeiten des flexiblen Mobiliars, womit flexibel auf strukturelle Veränderungen reagiert werden kann (vgl. 10.2). Das Gebäude ist seit seiner Eröffnung nicht weiterentwickelt worden, obwohl Weiterentwicklungswünsche der Lehrenden hinsichtlich des Mobiliars vorhanden sind (vgl. 10.3.1). Diese Anregungen werden jedoch nicht durch eine sogenannte Phase 10 gesteuert, die die Schwächen eines alleinigen Handelns der Pädagogen aufheben könnte. Begleitende Experten aus der Innenarchitektur nach Fertigstellung der Campus fehlen. So entstehen Entscheidungen die nicht dem gestalterischen Konzept entsprechen, wie beispielsweise die Entscheidung der Lehrkräfte bunte Stühle im farbmonotonen Campus zu verteilen (vgl. Abbildung 10.6 und 10.7). Da das Planungsteam nicht durch fachliche Experten unterstützt wird, werden subjektive Gestaltungsentscheidungen durch die Pädagogen zugelassen (vgl. 10.3.1). Eine Chance besteht in der Verbreitung, dem Experimentieren und der Vorbildfunktion für andere Schulen. Erfahrungen aus der Prozessentwicklung und dem Arbeiten in einer Lernlandschaft können aus Sicht der Akteure vor Ort weitergegeben werden (vgl. 10.3.1). Risiko birgt der Ausschluss des Raumes aus dem pädagogischen Konzept der Schule, der somit nicht formulierter Bestandteil der Schulentwicklung ist (vgl. 10.3.1). Stärken, Schwächen, Chancen und Risiken der Lehre innerhalb der

Räumlichkeiten an der BS24 werden in den differenzierten Analyseschritten deutlich. Die räumliche Ausgangslage mit den Stärken des Neubaus, die pädagogische Arbeit und das demokratische Miteinander auf der Beziehungsebene, Herausforderungen der Individualisierung und Differenzierung, Teamstrukturen und Hürden der multiprofessionellen Arbeit, Chancen und Risiken der Offenheit sowie die räumliche Identität – geprägt von Kommunikation und Austausch – stellen eine Ergänzung zur qualitativen Forschung aus Perspektive der beiden Interviewten dar. Die spezifischen Fragen hinsichtlich der Anforderungen an inklusive Lernsettings werden sowohl aus pädagogischer wie auch aus räumlicher Sicht innerhalb des folgenden Kapitels den Befunden des theoretischen Teils gegenübergestellt und diskutiert.

Teil IV
Diskussion und Ausblick

Diskussion

Die Ergebnisse der pädagogischen und räumlich-orientierten Zugänge mit den Schwerpunkten der Beziehungsebene, multiprofessionellen Teamarbeit, Ort des Lernens und individualisiertem Lernen sowie die Veränderung der architektonischen Auffassung von Bildungsbauten werden im Folgenden am Beispiel der berufsbildenden Schule BS24 diskutiert. Dabei werden die Befunde der qualitativen Forschung mit den theoretischen Annahmen zusammengefasst, die Ergebnisse vor dem Hintergrund der bestehenden Studien zum Thema interpretiert sowie in der Diskussion konträrer Befunde verdeutlicht. Grenzen der Vergleichbarkeit, Schwierigkeiten im Forschungsprozess, die Erörterung der Ergebnisse und ihre Bedeutung für den wissenschaftlichen sowie gesellschaftlichen Diskurs und der schulischen Praxis folgen diesem Vorgehen, um einen anschließenden Ausblick dieses Themas zu geben. Im konzeptionellen Teil wird deutlich, wie das tradierte Klassenraum- Flurkonzept durch neue Organisationsmodelle in Form von Klassenraum Plus, Cluster und Lernlandschaft abgelöst werden kann. Die BS24 nutzt eine Form der Lernlandschaft innerhalb ihrer berufsbildenden Schule, die Schülerinnen und Schüler bzw. Teilnehmerinnen und Teilnehmer in Bildungsmaßnahmen der AV, AvM (Ausbildungsvorbereitung Dual – Migranten) und BBB beheimatet. Insgesamt lässt sich innerhalb der Dokumentenanalyse, Beobachtungen und qualitativen Forschung eine hohe Übereinstimmung mit den theoretischen Befunden feststellen und Antworten aus der schulischen Praxis auf inklusive Pädagogik und entsprechende Raumlösungen finden. Insbesondere in den qualitativen Experteninterviews zeigen Lehrerin und Schüler positive Beispiele aus ihrem schulischen Alltag, welche die Bedeutung zentraler Bausteine der inklusiven Didaktik widerspiegeln (vgl. Reich, 2014). Sie verdeutlichen inwieweit die Schwerpunkte Beziehungsebene, multiprofessionelle Teamarbeit, individualisiertes Lernen und Ort des Lernens zum Einsatz kommen und verkörpern im

J. Lengersdorf and A. Hagemann, *Raum für Inklusion*, Forschungsreihe der FH Münster, https://doi.org/10.1007/978-3-658-32666-1_11

Allgemeinen eine sehr positive Einstellung zu ihrer Schule. Es zeigt sich –
bewusst wie auch unterbewusst – eine starke Identifikation mit der BS24 und
dem dahinterstehenden pädagogischen Konzept. Die Möglichkeiten und Grenzen des Lehrens und Lernens in den Räumlichkeiten werden verdeutlicht. Das
gemeinschaftlich demokratische Miteinander – geprägt durch eine starke Beziehungsebene und Wertschätzung aller Beteiligten – wird an unterschiedlichen
Stellen im Interview mit den beiden erkennbar. Weitestgehend wird inklusiv
beschult und gearbeitet. Auf der Lernlandschaft erfolgt Lernen individualisiert.
Durch die Dokumentenanalyse der schulischen Gegebenheiten und Beobachtung
des Schulalltags wird deutlich, wie ein interdisziplinär erarbeitetes und lang-
wieriges Konzept pädagogisch und architektonisch ineinandergreift. Farbliche
Gestaltung, akustische Materialien, räumliche Transparenz, sowie Orientierung
und Leitlinien – die den Lernenden im schulischen Tumult der vielen Akteure,
individuellen Möglichkeiten und differenzierten Interessen begegnen – stellen sich
im Zusammenspiel als funktionell und gewinnbringend heraus.

11.1 Thematische Schwerpunkte

Beziehungsebene

Eine gute Beziehungsebene, die unter anderem in der Literatur von Reich (2014),
Bylinski (2016), Hattie (2015) und der Montag Stiftung (2017) aufgeführt wird,
ist grundlegend für konstruktivistische Didaktik im Sinne der Inklusion. Die
interviewte Lehrerin setzt sich intensiv mit dieser auseinander, sorgt für eine
Willkommenskultur und verkörpert eine gegenseitige Wertschätzung. Auch aus
Schülersicht findet die Beziehung aller Akteure untereinander große Bedeutung.
Die Erhöhung und Verbesserung der Qualität von Kooperation und Kommunikation
der Beziehungsebene in Lehr- und Lernprozessen, wie Hattie verdeutlicht (2015),
zeichnet sich an der BS24 unter anderem in der Kommunikation auf Augenhöhe
und gemeinsamen Ritualen, wie der Morgenrunde, sozialen Angeboten im Schulalltag und gemeinsam organisierten Ausflügen ab. Markierte Bereiche und Zonen,
Arbeitsmaterial und die Auswahl des Mobiliars unterstützen zu einem großen Teil
das soziale Gefüge der Lerngruppen. Teilnehmende und Lehrende Duzen sich.
Dies ist besonders vor dem Hintergrund der Altersklasse eher außergewöhnlich
und kann im Hinblick auf parallele und/oder zukünftige Arbeitsverhältnisse als
kritisch gesehen werden. Respekt und eine professionelle Distanz zum jeweiligen
Gegenüber können durch die Adressierung „Sie" in Gesprächen im beruflichen Alltag gespiegelt werden. Einerseits will das Konzept der Ausbildungsvorbereitung

auf die Arbeitswirklichkeit vorbereiten und entsprechendes zielorientiertes Kommunizieren trainieren. Andererseits kann solch ein distanzierendes Pronomen – im Gegensatz zum vertrauten „Du" – die Beziehungsebene der Lehrenden und Lernenden zueinander einschränken. Der interviewte Schüler nimmt dieses Duzen persönlich als gewinnbringend wahr und betont, dass unter anderem dadurch ein Miteinander auf Augenhöhe geschaffen wird. Im Gegensatz zu seinen hauptsächlich positiven Resonanzen kritisiert er die fehlende Wertschätzung und Rücksichtnahme seiner Mitlernenden in Momenten, in denen er aufgrund seiner körperlichen Behinderung in seiner Sicht eingeschränkt wird. Die Lehrerin nimmt dies aus ihrer Perspektive nicht wahr. Die Interviews bringen hervor, dass ‚unsichtbare' Einschränkungen, wie Analphabetismus bewusst innerhalb der Lerngruppe thematisiert werden, ‚offensichtliche' und körperliche Einschränkungen jedoch nicht gesondert angesprochen werden. Daraus ist abzuleiten, dass sich die Transparenz nicht ausschließlich auf räumliche Gegebenheiten beziehen darf, sondern auch auf der Beziehungsebene zum Tragen kommen muss. Stärken, aber auch Schwächen sollten so thematisiert werden, ohne einen Teilnehmer bzw. eine Teilnehmerin zu beschämen – wie auch die Lehrerin im Nachtrag zu ihrem inklusiven Verständnis betont. Ein Mittelmaß aus realistischer Selbsteinschätzung und motivierender ressourcenorientierter Haltung muss in einer inklusiven Schule zum Tragen kommen, um Selbstbewusstsein zu stärken und Handlungsfähigkeit zu ermöglichen.

Individualisiertes Lernen
Diese Handlungsfähigkeit spielt laut Literatur besonders hinsichtlich der zu vermittelnden (Schlüssel-)Kompetenzen an berufsbildenden Schulen eine zentrale Rolle. Im Sinne der Demokratisierung soll jede und jeder unabhängig von ihren und seinen Voraussetzungen lernen und unterschiedliche Lernchancen wahrnehmen können (vgl. Reich, 2014, S. 224). Dieses Verständnis von individualisiertem Lernen nach Reich (2014) wird an der BS24 ganzheitlich durch Formate der Zielsetzung, freier Lernzeit und Prozessreflexion gelebt und umgesetzt. Jede Teilnehmerin und jeder Teilnehmer wird hier in ihren bzw. seinen persönlichen beruflichen Interessen und Prozessen individuell betreut und von Lehrenden wie auch Lernenden unterstützt. Während der Beobachtungen und des Interviews lässt sich eine intensive Betreuungsarbeit der Lehrenden innerhalb der heterogenen Lerngruppe erkennen. Ein problemlösendes Verhalten und Improvisationsvermögen der Lehrenden lassen sich zudem erfassen. Die Beobachtung und Beurteilung von Lernfortschritten und die Bedürfnisse der Lernenden werden an der BS24, wie es Reich (2014) vorschlägt, in individuellen Plänen festgehalten und dienen als Rückmeldinstrument. Teilnehmende finden zudem eine Plattform, um ihre Ergebnisse und Erkenntnisse zu präsentieren und andere an ihrem Prozess teilnehmen zu lassen. Auf dem Campus

findet dies in Form von Angeboten statt, welche in die freie Lernzeit eingeplant und bei Bedarf von den anderen Lernenden wahrgenommen werden können. Hinsichtlich der Beziehungsebene schulen solche Angebote und Möglichkeiten der Präsentation das Selbstbewusstsein und die gegenseitige Wertschätzung der Teilnehmenden. Das Setzen angemessener und herausfordernder Ziele für die Lernenden, wie es Hattie (2009) betont, wird im Zuge der Forschung nicht verfolgt und lässt sich innerhalb der Beobachtung von Lernzielplanung und individueller Betreuung sowie im Interview nicht feststellen. Es lässt sich lediglich erkennen, dass die Teilnehmerinnen und Teilnehmer sich zum Großteil eigene Aufgaben und Ziele formulieren. Die intensive Betreuung und der ‚Raum' für alle wird unter anderem durch die Relation aus relativ kleiner Schülerschaft und relativ großer Lernfläche ermöglicht. Wie schon in der Theorie deutlich wird, ist inklusive Schule kein ‚Sparmodell'. Individualisiertes und ressourcenorientiertes Lernen benötigt neben Zeit und Betreuungsaufwand räumliche Kapazitäten und Freiheit in der Form der individuellen Arbeitsweise.

Multiprofessionelle Teamarbeit
Neben individualisierter Fläche für die Lernenden muss so auch in Personal und dessen Arbeitsräume für das Konzipieren, Vorbereiten und Auswerten von Unterricht investiert werden. Teams aus multiplen Professionen innerhalb des Kollegiums benötigen laut Pampe (2018) Arbeitsplätze, Besprechungs- und Erholungsflächen, die Austausch, Kommunikation und Rückzugsorte ermöglichen. Diese Möglichkeiten sind an der BS24 nur zum Teil vorhanden. Die räumlichen Zonen der Lernlandschaft werden nach Unterrichtsschluss für alle Teamsitzungen und Konferenzen genutzt. Auch Möbel, wie der große Tresen schaffen informelle Austauschangebote und gute kommunikative Voraussetzungen. Konkrete Arbeitsplätze der Lehrenden für individuelle Vorbereitungen, Aufgaben und Korrekturen finden sich innerhalb des Neubaus der BS24 kaum. Es gibt lediglich einen Schreibtisch für Lehrende innerhalb der Campus sowie ein zentrales Arbeitszimmer für Lehrende, das von der räumlichen Kapazität und Nähe zu den umliegenden Tischen eher als Austausch- und weniger als Arbeitsplatz beschrieben werden kann. Trotz individualisierter Ausrichtung auf das Lernen, kann das individualisierte Lehren und Raum für didaktisches Arbeiten eher als sparsam beschrieben werden. Arbeitsplätze der Lernbegleitenden an der berufsbildenden Schule sind entweder nicht vorhanden oder als mangelhaft zu betiteln. Aus pädagogischer und organisatorischer Sicht wird das Lehren und Arbeiten innerhalb der multiprofessionellen Teams als sehr hilfreich und arbeitserleichternd aufgenommen. Es zeigt sich, wie die Lehrkraft innerhalb eines gut funktionierenden Teams durch Kooperation, Koordination und ständige Absprachen entlastet werden kann. Durch die Vielzahl von Anlaufstellen für die Lernenden

wird die Hemmschwelle für Anregungen, Kritik und Fehler relativ niedrig gehalten. Eine fruchtbare räumliche Atmosphäre spielt in diesem Zuge mit einer harmonischen sozialen Atmosphäre zusammen. Grundlegend ist dafür ein ausgewogenes Verständnis von Arbeitsverteilung, die an der erforschten Schule vorhanden, aber nicht allgemein selbstverständlich ist. Beziehungsarbeit auf Ebene des Kollegiums ist hier fundamental. Auch finanzielle Unterschiede in der Besoldung der unterschiedlichen Professionen können in diesem Zuge Konfliktpotential aufkommen lassen. In der Theorie wird bereits von Kricke, Reich, Schanz und Schneider (2018) darauf hingewiesen, jedoch nicht von der Interviewten im Gespräch angesprochen. Dies kann unter anderem daran liegen, dass die Interviewte als Berufspädagogin im Vergleich zu einigen ihrer Kolleginnen und Kollegen in eine höhere Besoldungsstufe einzuordnen ist und finanzielle Unterschiede sie persönlich nicht benachteiligen. Abschließend zur MpT Leitfrage betitelt sie die Zusammenarbeit als sehr gut und betont, dass sie diese besonders wertschätzt.

Ort des Lernens
Die Räumlichkeiten innerhalb der Lernlandschaft, wie die einzelnen Studios mit Sitzkreisen, der Stehtresen und die Sofaecke, unterstützen das soziale Gefüge der Akteure vor Ort. Auch das Atelier im Obergeschoss sowie die Cafeteria bilden hier optimale Bedingungen für eine Kommunikation, die die Beziehungsebene der einzelnen stärkt. Wie bereits in der Literatur (Montag Stiftung, 2017, S. 36) beschrieben, entfernt sich das traditionelle Klassenzimmer weitgehend von einem statischen Instruktionsraum und wird zu einem dynamischen Umbauraum, in dem unterschiedliche Lernformen möglich sind. Die Teilnehmenden schaffen mit Hilfe von Stühlen, die sie in der Lernlandschaft verteilen, ihre individuellen Lernorte. Zu kritisieren ist an dieser Stelle die undefinierte Farbigkeit der Stühle und fehlende Zugehörigkeit zu den individuellen Campus und Studios. Obwohl sich das Schema des Campus im Erdgeschoss auf die Farbe Orange konzentriert, finden sich blaue und grüne Stühle sowie unterschiedlich farbige Ruhesessel, die für Irritation im Farbkonzept hinsichtlich der blauen und grünen Campus im Obergeschoss sorgen. Nützliche Information im und um den Raum können nur bewertbar gemacht werden, wenn sie entsprechend aufbereitet und geordnet sind (vgl. Kling & Krüger, 2013, S. 10). Durchdachte Ordnungskonzepte werden durch den Eingriff von ungeschulten Personen beeinträchtigt und können für den Laien unbewusst Unordnung und Verwirrung verursachen, welches besonders für Schülerinnen und Schüler mit Aufmerksamkeitsstörungen eine Gefahr darstellt. Auch im Leit- und Orientierungssystems des gesamten Gebäudes am Niekampsweg ist die Gestaltung nicht stringent durchgezogen und kritisch zu betrachten. Deutlich wird, an welcher Stelle Experten aufgehört haben zu planen und schulische Akteure – ohne gestalterische

oder architektonische Ausbildung – in die vorhandene Raumgestaltung und Innenarchitektur eingegriffen haben. Nuissl (2016, S. 90) betont, dass die Veränderung
der Begrifflichkeit von Lernarrangements hin zu Lernarchitektur darauf hinweist,
wie wichtig es ist, die Lernumgebung von Experten der Planung und Gestaltung
ausführen zu lassen. So ist es nicht nur im Sinne der Orientierung wichtig ein intelligentes Schulgebäude zu schaffen, in dem Menschen über die Möglichkeit verfügen
mit dem Gebäude in Kommunikation zu treten. Auch durch die räumlich variable
Verfügbarkeit von Wissen, und die geringere Ausrichtung an den Lehrpersonen als
Wissensvermittelnde verändert sich die schulische Lernumgebung. Neue, weniger
am Lehrpersonal ausgerichtete, didaktische Modelle ermöglichen es den Schülerin-
nen und Schülern an der BS24 Lernprozesse innerhalb alternativer Lernarchitektur
mit Hilfe von digitalen Endgeräten und neuen Medien zu flexibilisieren. Prägnante
Raumatmosphären unterstützen dabei selbstgesteuerte Prozesse und werden an der
BS24 von den Teilnehmenden der BBB bewusst und auch unterbewusst aufgesucht.
So stellt der Stehtresen für den einen Schüler einen geeigneten Lernort dar, und der
Tisch an der Fensterbank mit dem Blick ins Grüne den Lieblingsplatz eines anderen
Lernenden.

11.2   Konträre Befunde und Grenzen der Vergleichbarkeit

Betrachtet man bei der ersten Auseinandersetzung mit dem schulischen Konzept die Betitelung der verschiedenen Lerngruppen und Bildungsmaßnahmen
fällt ein Konzept auf, das nicht ganzheitlich gesellschaftlicher Inklusion entspricht und partiell zwar integriert, die Lerngruppen voneinander jedoch separiert.
So werden exklusive Bildungsgangbezeichnungen gesellschaftlicher Randgrup-
pen geschaffen, die der AvDual (Ausbildungsvorbereitung Dual) zugehörig sind.
Diese spaltet sich an der BS24 in die Lerngruppen der AV (Ausbildungsvorbereitung) mit verhaltensauffälligen Schülerinnen und Schülern mit schwierigen
sozialen Hintergründen, die AvM (Ausbildungsvorbereitung Dual – Migranten), die Schülerinnen und Schülern mit Migrationshintergrund zusammenführt
und die Maßnahme der BBB (Betriebliche Berufsbildung), der Schülerinnen
und Schüler mit psychischen und physischen Behinderungen und Einschränkungen sowie Lernbehinderungen angehören. Unbeantwortet bleibt die Frage,
warum diese Gruppen nicht gemischt innerhalb heterogener Lerngruppen der
AV vor Ort inklusiv beschult werden. Außerdem ist aus Sicht der Pädagogik zu
beachten, dass die Ergebnisse der empirischen Forschung auf Basis der qualitativen Inhalte der Bildungsmaßnahmen BBB und AV gewonnen wurden. Diese

Ergebnisse lassen sich somit nicht zwangsweise auf alle Bildungsebenen, berufsspezifischen Ausbildungsangebote und Lernniveaus beziehen. Das Erzbischöfliche Berufskollegs in Köln und die Gymnasien in Wilhelmshafen und Kopenhagen zeigen innerhalb dieser Arbeit Beispiele für eine zukunftsfähige Lernarchitektur verschiedener Bildungsniveaus und Bildungsgänge. Mit Blick auf die Raumgestaltung ist so unter anderem zu beachten, dass Bildungsgänge des dualen Systems, aber auch Vollzeitbildungsgänge unter Umständen beruflich orientierte Werkstätten, Labore und Praxisräume benötigen, welche die Lernenden in ihrer Handlungskompetenz herausfordern und entsprechend der konstruktivistischen Didaktik Selbstständigkeit fördern. Insbesondere in Werkstätten und Laboren bestimmen sicherheitstechnische Maßnahmen und Vorschriften diese Räume.

11.3 Herausforderungen des forschungsmethodischen Vorgehens

Die Gemeinsamkeiten in den Antworten und Äußerungen in den Expertengesprächen lassen sich vor allem auf die abgestimmten Fragebögen als Instrumente der Interviews zurückführen (vgl. Anhang, Leitfragebogen Lehrkraft und Leitfragebogen Schüler). Wesentliche Unterschiede sind vor allem auf die verschiedenen Rollenzuteilungen der beiden schulischen Akteure, aber auch durch sozial-emotionale und kognitive Möglichkeiten der Befragten zu begründen. Auch die selektive Auswahl des Schülers durch die subjektive Beurteilung der Lehrerin beeinflusst die Ergebnisse der Forschung. Es ist davon auszugehen, dass die Lehrerin bewusst einen relativ leistungsstarken und sozialen Schüler ausgewählt hat, von dem sie weiß, dass er sich mit der Lernlandschaft gut identifizieren kann. Insgesamt lässt sich eine relativ aufwendige Aufarbeitung der Instrumente für die verhältnismäßig geringe Datenmenge von zwei Interviews feststellen. Nach erfolgreicher Durchführung stellt sich heraus, dass sich die Instrumente der Interviewleitfäden für die qualitative Forschung eignen und zur Beantwortung der Forschungsfragen dienen. Es ist davon auszugehen, dass dieses Instrument für weitere Interviews und Probanden eingesetzt werden kann, um weitere Perspektiven auf das Forschungsthema zu erlangen. Auch die Aufbereitung der auditiven Daten in MAXQDA lässt sich durch die Codierung und Kategorisierung durch zusätzliche Datenmengen erweitern.

11.4 Bedeutung des Raums für inklusive Pädagogik

Im schulischen, wissenschaftlichen und gesellschaftlichen Diskurs wird deutlich, wie wichtig Raum für Inklusion im Zuge des Paradigmenwechsels in der Pädagogik ist. Bereits in der Reggio-Pädagogik der 60er und 70er Jahre und innerhalb der Begrifflichkeit des Raumes als dritter Pädagoge wird die Lernarchitektur als „einladende, offene, helle und Transparenz signalisierende Räumlichkeiten" verstanden (Barz, 2018, S. 124). Die hier aufgeführten Praxisbeispiele werden dazu genutzt, um nachhaltige Schule als ganzheitliches Konzept erfahrbar zu machen. Die Veränderung architektonischer Auffassungen im Bildungsbau werden so anhand der fortschrittlichen betrieblichen Praxisbeispiele, zukunftsorientierten Bildungsräume und vor allem der beruflichen Schule Eidelstedt, BS24 untersucht. Ziel ist es weniger allgemeingültige Antworten auf zeitgemäße Pädagogik und entsprechenden Schulbau zu finden, sondern Einblicke in die Praxis zu erlangen und zu verdeutlichen, wie wichtig ineinandergreifende Konzepte und multiprofessionelle Prozesse sind. Die Praxisbeispiele können an dieser Stelle nur andeuten, wie prototypische Organisationsmodelle in Form von Lernlandschaften, Klassenraum Plus und Clustern funktionieren können. Feedback über die tatsächliche Umsetzung und tägliche Unterrichtsdurchführung wird nicht dargestellt. Die qualitative Forschung an der BS24 bietet hingegen einen tieferen Einblick und überprüft, ob die berufliche Schule Raum für Inklusion schafft, der einen Lernort für Alle gestaltet und diesen nutzbar macht. Dabei ist erneut zu betonen, dass sich diese Forschung auf die Sparte der Ausbildungsvorbereitung bezieht und keinesfalls für alle beruflichen Bildungsmaßnahmen und allgemeinschulischen Angebote sprechen kann. Neben den Grenzen in Form von selektiven Lerngruppen innerhalb der Campus, Irritationen im Orientierungssystem und entsprechenden Arbeitsräumen für die Lehrenden, wird innerhalb der Forschung deutlich, wie die BS24 seinen Teilnehmenden einen Übergang zwischen Schule und betrieblicher Beschäftigung schaffen kann. Wie sich gezeigt hat, gestaltet die starke Verzahnung der entwickelten pädagogischen und räumlichen Komponenten ein funktionierendes Schulkonzept, dass allen Beteiligten Raum zum Lernen und Arbeiten gibt. Auch im Kapitel der Arbeitsräume in der fortschrittlichen Praxis wird deutlich, wie zentral die Kommunikation zwischen allen Akteuren ist, um in Austausch zu gehen und Innovationen zu entwickeln. Neben Modernisierung und Globalisierung spielt das Überdenken tradierter Raumkonzepte auch in der betrieblichen Praxis eine tragende Rolle für zeitgemäßes Arbeiten. Auf den Bildungsraum bezogen, zeigt beispielsweise das Erzbischöfliche Berufskolleg in Köln wie eine enge Verzahnung von Theorie- und Praxisunterricht in außergewöhnlich gestalteten Lernumgebungen in Form von heilpädagogischen Übungs-

und Meditationsräumen erzeugt werden kann. Inspiriert durch die Praxis ist auch von schulischer Seite zu beobachten, wie mehr marktwirtschaftliche Konkurrenz in den Bildungsraum eindringt, wenn Schulen um die Zahl ihrer Schülerinnen und Schüler, kommunalen und staatlichen Zuschüssen, sowie Projekte und Drittmittel kämpfen müssen (vgl. Nuissl, 2016, S. 189). Neben dem Antrieb durch Konkurrenz und Wettbewerb sind im Bildungsbereich unter anderem Qualifikationsbedarfe, Zugänge zu Angeboten, Motivation und inhaltlich-mediale Herausforderungen gegeben, die nach Lösungen fragen. Innovationstransfer aus dem Ausland, bestehenden nationalen Schulen, aber auch anderen Praktiken und Bildungssparten zeigt sich – wie auch in den Experteninterviews verdeutlicht – als gewinnbringend. Ein Überdenken architektonischer Konzepte bietet einen zentralen Pfeiler für ein nachhaltiges und zeitgemäßes Lernen. Im Zuge dieser Konzepte ist allerdings von architektonischer Seite zu beachten, dass die Finanzierungsfrage auftritt, wenn es um die Planungsmittel in der Phase 0 und der Phase 10 geht. Die Phase 0 wird nicht in den Leistungsklassen der HOAI aufgeführt, da diese vor der Entwurfsplanung liegt und sich mit „der Definition der Nutzungsanforderungen, des Raumprogramms und der räumlichen Organisationsstruktur" auseinandersetzt (Montag Stiftung, 2017, S. 11). Ebenfalls nicht einbegriffen in die HOAI ist die Phase 10 nach Fertigstellung und Inbetriebnahme des Gebäudes. Diese beiden Phasen sind jedoch einflussnehmend auf die Beziehung der Nutzerinnen und Nutzer zum Gebäude und deren nachhaltiger Weiterentwicklung. Dabei können Fortbildungen und Weiterbildungen, sowie Evaluationen auf neue Anforderungen, Neuinterpretationen des Raums und Weiterentwicklungen eingehen. Weitere Baumaßnahmen, Anpassungen und Nachbesserungen können hier ebenfalls thematisiert werden. Wird ein Bauprojekt nun geplant, sollten ausreichend Mittel zur Verfügung stehen auch diese beiden Phasen finanzieren und auf externe Expertisen setzen zu können (vgl. Montag Stiftung, 2017, S. 207). Durch interdisziplinäre Planungsphasen und eine Architektur, die für sich selbst spricht und die Schülerinnen und Schüler hinsichtlich ihrer Aktivität, Motivation und Arbeitslautstärke steuert, kann Pädagogik auf den zeitgemäßen Paradigmenwechsel reagieren. Inklusion im Sinne gesellschaftliche Teilhabe und Bildung ist Voraussetzung für eine demokratische Gesellschaft.

„Inklusion beinhaltet den Prozess einer systematischen Reform, die einen Wandel und Veränderung in Bezug auf Inhalt, die Lehrmethoden, Ansätze, Strukturen, und Strategien im Bildungsbereich verkörpert, um Barrieren mit dem Ziel zu überwinden, allen Lernenden einer entsprechenden Altersgruppe eine auf Chancengleichheit und Teilhabe beruhende Lernerfahrung und Umgebung zu teil werden zu lassen, die ihren Anforderungen und Vorlieben am besten entspricht" (Vereinte Nationen, 2006, S. 5).

Es vollzieht sich ein Wechsel, der sich nicht an die Betroffenen richtet und diese integriert, sondern als Frage an die Gesellschaft stellt. Der Paradigmenwechsel verlangt in diesem Zuge nicht, dass der oder die Betroffene sich integriert, sondern eine Gesellschaft, die sie oder ihn inkludiert. Das pädagogische Konzept der BS24 versucht in diesem Zuge alle Teilnehmenden in ihrer Handlungskompetenz zu stärken und sie dahingehend zu befähigen, als fester Teil der Gesellschaft zu agieren und einen Platz in der betrieblichen Arbeitspraxis zu finden. Die verfolgten Schwerpunkte der Beziehungsebene, multiprofessioneller Teams, individualisiertes Lernen und der Ort des Lernens stellen sich als zentrale Stützen dieses Konstruktes aus Perspektive der Lehrkräfte und Teilnehmenden heraus. Eine positive Haltung zum Lernen und Arbeiten ist dazu grundlegend und nicht nur für parallele Verpflichtungen auf politischer und organisatorischer Ebene von Bedeutung. Inklusion agiert in diesem Zuge als Antwort auf separierende und soziale Problemlagen und gewinnt seine positive Konnotation durch gerechte Möglichkeiten und Teilhabe, die geeignete Ziele aller Akteure benötigt, um innerhalb von bildungsspezifischen Maßnahmen und insbesondere gesamtgesellschaftlich wirksam zu sein. Am Beispiel der Forschung an der BS24 und der aufgeführten Praxismodelle wird deutlich, dass eine inklusive Schule Raum schaffen kann, der als Lernort für Alle nutzbar ist.

Ausblick 12

Um Raum für Inklusion zu schaffen und Schule als Lernort für Alle zu gestalten und zu nutzen, ist es grundlegend Inklusion als ganzheitlich gesellschaftliches Thema zu verstehen. So sollte ein Bewusstsein für Inklusion in all seinen Teildisziplinen und Ausprägungen verbreitet und diskutiert werden, solange es noch nicht gesellschaftlich verankerte Norm ist. Dazu bedarf es einem Fokus auf Vielfältigkeit in allen institutionellen Bildungsorganisationen. Insbesondere in der Lehramtsausbildung, sowie Disziplinen des Designs und der Architektur – ausgerichtet an gesellschaftlichen Ansprüchen und Teilhabe – ist dies von Bedeutung. „Zukunftsfähige Schulgebäude können sich heute nicht mehr an starren Nutzungsmodellen orientieren, die von der Idee einer möglichst unmittelbaren Passung von einem Raum für eine Funktion ausgehen" (Kricke, Reich, Schanz, & Schneider 2018, S. 481). Insbesondere deutsche Schulbauten und der Zustand inklusiver Pädagogik liegen im internationalen Vergleich hinten an und können sich an Vorreitern wie Dänemark oder den Niederlanden orientieren. Unter dem Aspekt, dass 10.000 bis 15.000 Stunden eines Schülerinnen- bzw. Schülerlebens am Lernort Schule verbracht werden, wird deutlich, wie wichtig eine durchdachte Lernarchitektur ist. Eine Verzahnung der Disziplinen Pädagogik, Architektur und Design – nach Diskussion der hier untersuchten Fragestellung – ist einleuchtend, jedoch in der Praxis noch keine Selbstverständlichkeit. Immer wieder kann der Raum Bedingungen schaffen, die für eine inklusive Schule wegweisend sind und nur erschwert in einem tradierten Klassenraum-Flur-Setting zur Geltung kommen können. Insbesondere im Fall der untersuchten Schule spielt dieser eine zentrale, dennoch unbetitelte Rolle im pädagogischen Leitbild. Dabei zeigen die Literatur, die Best-Practice-Modelle, sowie auch die empirische Forschung, dass der Raum eng mit den jeweiligen Leitbildern der Institutionen verstrickt und

© Der/die Autor(en), exklusiv lizenziert durch Springer Fachmedien
Wiesbaden GmbH, ein Teil von Springer Nature 2021
J. Lengersdorf and A. Hagemann, *Raum für Inklusion*, Forschungsreihe der
FH Münster, https://doi.org/10.1007/978-3-658-32666-1_12

in der Praxis gestaltet sowie entsprechend genutzt werden muss. Ein Bewusstsein für den Raum, der auf alle Teilnehmenden in ihm unterbewusst wirkt,
sollte hervorgehoben werden und in seiner Bedeutung Aufmerksamkeit gewinnen.
Aufklärend sind dazu beispielsweise fachspezifische Weiterbildungsmaßnahmen
für Architekten und Lehrende, durch Qualitäts- und Unterstützungsagenturen,
die Einbindung der Thematik in die Hochschullehre sowie Exkursionen und
Hospitationen in bereits praktizierten neuen Lernarchitekturen und Schulkonzepten. Über die institutionellen Prozesse hinaus muss sich inklusives Denken
und Handeln gesamtgesellschaftlich widerspiegeln und weg von Exklusion und
Separation, über Integration hin zu Inklusion bewegen. Um inklusive Bildung
zu ermöglichen, bedarf es einem einvernehmlichen Verständnis, demokratischem
Miteinander und ressourcenorientierter Haltung aller Akteure, die sich auf Schul-
strukturen und Prozesse abzeichnet. „Zentrales Ziel einer Professionalisierung
in der Berufsbildung ist das Schaffen einer Inklusionskultur, die sich prägend
auf das Selbstverständnis der Fachkräfte auswirkt und die Fähigkeit zur Selbst-
reflexion des eigenen pädagogischen Handelns fördert" (Buchmann & Bylinski
2013, S. 147). Das Unterrichten und Arbeiten in den Lernräumen muss zudem
reflektiert werden, um die Qualität der Lehre und des Lernens zu gewähren
und den wandelnden Anforderungen gerecht zu werden. Durch die theoretische
Grundlage der zehn Bausteine nach Reich (2014) und der Thesen der Montag Stiftung (2017) wird deutlich, wie wichtig ein gelungenes Zusammenspiel
aus Pädagogik und Raum ist und welche Komponenten zentrale Pfeiler dieser
interdisziplinären Prozesse bilden. Im Sinne der hier abgebildeten Schwerpunkte
der Beziehungsebene, multiprofessionellen Teamarbeit, individualisierten Lernens
und dem Ort des Lernens, muss inklusive Schule durch den Raum begünstigt werden und das Unterrichten in einer offenen Lernlandschaft durch MpTs
ermöglichen. Die Räumlichkeiten einer inklusiven und nachhaltigen Schule müssen in diesem Zuge die Kommunikation und Beziehungsarbeit aller schulischen
Akteure begünstigen und Orte schaffen, die von zufriedenstellende Architektur und einem durchdachten Design leben. Durchdachte Designkonzepte, die
mit multifunktionalem Mobiliar, Orientierungs- und Leitsystemen sowie smarter
Zonierung arbeiten, können hier Antworten geben. Auf Teamebene wird die Frage
der unterschiedlichen Gehalte bei relativ gleichen Aufgaben der verschiedenen
Professionen in einem interdisziplinären Team aus unterschiedlich spezialisierten Lehrenden auftreten. Es gilt Prozesse des Teamteachings und die damit
angeschlossenen Aufgaben zu definieren und prozessbezogen zu strukturieren.
Zudem unterzieht sich die Rolle der Lehrkraft einem Wandel. Die ausschließliche Belegung durch Fachlehrkräfte oder Sonderpädaginnen und Pädagogen
mit bestimmten Fachschwerpunkten wird mehr und mehr durch eine Lehrkraft,

„die über hohe Grundlagenkenntnisse in pädagogischen, psychologischen, diagnostischen, sozialen und auch sonderpädagogischen Bereichen verfügt" (Reich, 2014, S. 63), ersetzt. Räumliche Monofunktion wird durch Mehrfachnutzung abgelöst und stellt an die Ausstattung und Raumnutzung besondere Anforderungen (vgl. Kricke, Reich, Schanz, & Schneider 2018, S. 481). Der Raum muss verschiedenen Lerngruppen und verschiedenen Lerntypen gerecht werden und individualisiertes Lernen und Kooperation ermöglichen. Dabei muss der Raum einer sozialräumlichen belastbaren Binnengliederung erfolgen, sodass er trotz „Offenheit und Mehrfachnutzbarkeiten ein Gefühl für Beheimatung und Überschaubarkeit" erzeugt (ebd. S. 482). Auch die Transparenz eines Raumes kann sich, wie an der BS24, auf das gesamte Miteinander ausbreiten. Die Beziehungsebene ist geprägt durch gegenseitige Rücksichtnahme, die eine unterstützende Raumstruktur fordert und räumliche als auch soziale Offenheit prägt. So kann die Offenheit des Raumes die Freiheit, die die Lernenden bezüglich Lernzielen, Lernformaten und Sozialformen haben, widerspiegeln. Individualisiertes Lernen wird durch das Auffinden individueller Lernumgebungen und Arbeitsplätze, neben den angepassten Materialien sichtbar und ermöglicht. Diese neue Freiheit der Lernenden erfordert Anpassungen durch die Lernenden selbst und durch die Lehrenden im Umgang mit der Umgebung. Die Fähigkeit selbstgesteuert zu Lernen muss erlernt werden. Der Raum kann dabei unterstützend wirken. Bedenken, die mit einer Umstrukturierung der Schule verbunden sind, wie z. B. der Fokus auf die Selbstständigkeit der Lernenden bei der Formulierung von Zielen und der Suche nach Aufgaben, können durch die Praxis beruhigt werden. Das untersuchte Beispiel zeigt, dass gerade lernschwache Lernende unter professioneller Betreuung und gemeinsam formulierten Zielsetzungen das selbstständige Arbeiten schnell erlernen und umsetzen können. Entwicklung muss über interdisziplinären Austausch entstehen. Lehrende beraten sich untereinander, Lehrende und Lernende tauschen sich aus. (Innen)Architekten, Designer und schulische Akteure entwickeln Raumlösungsansätze, die sich aus ausschließlich räumlicher oder pädagogischer Sicht als nicht antwortgebend auf die inklusive Schule erweisen. Erforderlich zeigt sich die Zusammenarbeit aller beteiligten Akteure in der Phase 0, die eine „hohe Qualität für das inhaltliche Konzept" sichert und „die Identifikation mit den Ergebnissen" fördert (Kricke, Reich, Schanz, & Schneider 2018, S. 482). Auf Basis der Theorie und Umsetzungsbeispielen ist auf drei Organisationsmodelle zurückzugreifen, die sich in der Praxis bewährt haben. Die Wahl des entsprechenden Organisationsmodells aus Klassenraum-Plus, Cluster und Lernlandschaft muss individuell getroffen werden und im Rahmen des räumlich-pädagogischen Konzepts verankert sein. Dabei können auch Mischformen der vorgestellten Organisationsmodelle auftreten. Jedoch funktioniert ein Raum nicht

alleinig durch seine Existenz. In der Interaktion mit seinen Benutzerinnen und
Benutzern entwickelt sich dieser weiter und ist als Prozess zu verstehen. Die
handelnden Akteure müssen das inklusive Leitbild und dessen räumliche Umsetzung verkörpern, sodass alle Beteiligten das Potential der Lernumgebung nutzen
können.

Die vorliegende Arbeit überprüft theoretische Annahmen aus der Berufspädagogik mit dem Schwerpunkt Inklusion und setzt sich gezielt mit dem
Best-Practice-Modell der BS24 in Hamburg auseinander. Entsprechende Beispiele
unterstützen hier nicht nur schulische Akteure, sondern geben auch Inspira-
tionen für alle Beteiligten der räumlich-pädagogischen Konzeptplanung. Im
weiteren Vorgehen, bietet es sich an die qualitative Forschung aus Sicht der
architektonischen Expertisen durchzuführen und beispielsweise die involvierten
(Innen-) Architekten und Stadtverwaltung zu interviewen. Aus Sicht der multiplen Perspektiven der Planungsakteure ist es von besonderer Bedeutung das
Vorstellungsvermögen der umgesetzten Organisationsmodelle durch bestehende
Praxisbeispiele zu erweitern, Praxiswissen zu erlangen und die zukunftsweisenden
Lernarchitekturen vor Ort zu erfahren. Da an Berufskollegs die Handlungsorientierung im Vordergrund steht, ist auch die Orientierung an Räumlichkeiten der
betrieblichen Praxis gewinnbringend. Hier können Analogien zur schulischen Praxis gezogen werden und mutige Innovationen, die in der Wirtschaft schneller
umgesetzt werden in Schule gebracht werden. So agieren auch Großraumbüros
auf Grundlage ihrer Leitmotive und entwickeln stetig ihre Arbeitsplätze weiter,
sodass jede und jeder effektiv und nachhaltig Arbeiten kann. Die Auseinandersetzung mit der BS24 zeigt, dass ein inklusives pädagogisches Konzept auch an einer
berufsbildenden Schule erfolgreich sein kann. Auch hier gilt es, die Ausrichtung
des räumlich-pädagogischen Konzepts an den Leitlinien der jeweiligen Schule zu
orientieren und die spezifischen Anforderungen und Bedarfe der Bildungsgänge
zu beachten, zu nutzen und die berufliche Schule dementsprechend zu gestalten,
sodass ein Lernort für Alle entsteht, der sich stetig weiterentwickeln kann. Mit
dem Ziel eigenverantwortliches Handeln bzw. Handlungskompetenzen im Kontext von Lernsituationen, Lern- und Handlungsfeldern auszubilden, werden die
Schülerinnen und Schüler an Problemstellungen herangeführt und zielorientiert
im Prozess gefordert und gefördert. Auf ein breiteres Feld von Bildungsgängen
am Berufskolleg bleibt zur Diskussion, wie Fachräume in ein ähnlich offe-
nes Raumkonzept unter Berücksichtigung von Arbeitssicherheit realisiert werden
können.

Wie die dargestellten Best-Practice Modelle der Schulen aufzeigen, bedarf es
nicht immer eines Neubaus. Kleine Annäherungen durch z. B. das Umstellen des

vorhandenen Lernraums, vereinzelte Durchbrüche und ein Überdenken der pädagogischen und räumlichen Möglichkeiten kann hier bereits einflussreich sein. Damit ein Gebäude auch weiterhin Entwicklungen des Leitbildes gerecht verfolgen kann, muss eine interdisziplinäre Zusammenarbeit auch nach Fertigstellung fortgeführt werden, um die gemeinsam durchdachten Konzepte aus der Planung in der Realität zu verwirklichen, zu evaluieren und weiterzuentwickeln.

Schule als Spiegel der Gesellschaft wandelt sich stetig und muss den Entwicklungen der Gesellschaft nachkommen. „Schulen sollen deshalb im Hinblick auf ihre Wandlungsfähigkeit geplant werden und ein Gerüst zum Weiterbauen bilden" (Montag Stiftung 2017, S. 386). Das vorgestellte, empirische erforschte Praxismodell zeigt, dass Innovationen von engagierten Schulleitungen sowie Kolleginnen und Kollegen initiiert werden können. Diesen Mut und die Bereitschaft das eigene pädagogische Verständnis im Rahmen der Inklusion weiterzuentwickeln und dadurch neue Möglichkeiten des Schulbaus zu schaffen gilt es zu transportieren und zu fördern. Der Leitgedanke der Inklusion muss wegweisend bleiben, damit ein gemeinschaftliches Lehren und Lernen auf den Flächen zukunftsorientierter Lernarchitekturen funktionieren kann. Dabei ist jede und jeder einzelne unterschiedlich, hat andere Bedürfnisse und Anforderungen um erfolgreich zu lernen, zu lehren, zu gestalten und zu arbeiten. „Solange ‚Innovation' Beweglichkeit und Lebendigkeit, Perspektiven und Bedarfsorientierung bezeichnet, ist sie pädagogisch wertvoll und politisch hilfreich" (Nuissl, 2016, S. 218). Es zeigt sich, dass eine Lernlandschaft für alle Beteiligten gewinnbringend sein kann, wenn jede und jeder einzelne hier individualisiert arbeiten kann, die Kooperation zwischen Lernenden und Lehrenden, deren Beziehung zueinander und der Ort des Lernens entscheidende Faktoren im Alltag einer inklusiven Schule sind. Die enge Verzahnung zwischen Raum und Pädagogik in allen Phasen des Bauvorhabens ist grundlegend für dieses Ergebnis, um Schule als Lernort für Alle nachhaltig zu gestalten, nutzbar zu machen und Raum für Inklusion zu schaffen.

Literatur

3pass, Architekten Stadtplaner Part mbB & Kusch Mayerle BDA (2018). Projekte: Erzbischöfliches Berufskolleg in Köln-Sülz. Abgerufen von https://www.3pass.de/de/projekte/projekt.php?id=93

Ackermann, K.-E., Kronauer, M., Burtscher, R., & Ditschek, E. J. (2012).Inklusion braucht (nicht?) alle. Ein interdisziplinäres Gespräch über Erwachsenenbildung für Menschen mit Behinderungen. *DIE Zeitschrift für Erwachsenenbildung*(2), 22–25. https://doi.org/10.3278/DIE1202W022

adidas. (2015). Mitarbeiter der adidas Gruppe gestalten den Arbeitsplatz der Zukunft. Abgerufen von https://www.adidas-group.com/de/medien/newsarchiv/pressemitteilungen/2015/mitarbeiter-der-adidas-gruppe-gestalten-den-arbeitsplatz-der-zuk/

adidas. (2015). A flexible working environment. Abgerufen von https://www.adidas-group.com/wos/galleries/pitch

Aicher, O. (1982). *Gehen in der Wüste*. Frankfurt am Main: S. Fischer Verlag GmbH.

Amt für Schulentwicklung der Stadt Köln (Hrsg.) (2016). *Planungsrahmen für Pädagogische Raumkonzepte an Kölner Schulen* (2. ed.). Köln: Stadt Köln

Barz, H. (2018). *Reformpädagogik: Innovative Impulse und kritische Aspekte*. Weinheim und Basel: Beltz Verlag

Bergland, C. (2016). Kids and Classrooms: Why Environment Matters. Abgerufen von https://www.psychologytoday.com/us/blog/the-athletes-way/201601/kids-and-classrooms-why-environmentmatters

Blincoe, J. M. (2008). *The Age and Condition of Texas High Schools as Related to Student Academic Achievement*. The University of Texas at Austin, Austin. Abgerufen von https://repositories.lib.utexas.edu/handle/2152/18052.

Bonwell, C. C., & Eison, J. A. (1991). *Active Learning: Creating Excitement in the Classroom*. Washington: ERIC.

Booth, T., & Ainscow, M. (2017). *Index für Inklusion*. Ein Leitfaden für Schulentwicklung. Weinheim und Basel: Beltz Verlag.

Born-Mordenti, A. (2018). Unsere Schule: Schulprofil. Abgerufen von https://www.ebk-koeln.de/schulprofil.html

Brüggemann, T. (2015). Betriebliche Berufsorientierung. In T. Brüggemann & E. Deuer (Hrsg.), *Berufsorientierung aus Unternehmenssicht. Fachkräfterekrutierung am Übergang Schule – Beruf* (S. 17–23). Bielefeld: W. Bertelsmann Verlag.

Braunstein, M.-L., & Jerg, J. (2017). Bildung und Lernen im inklusiven Kontext. In I. Boban, & A. Hinz (Hrsg.), *Inklusive Bildungsprozesse gestalten. Nachdenken über Horizonte, Spannungsfelder und Schritte* (S. 88–105). Seelze: Klatt-Kallmeyer.

Buchmann, U., & Bylinski, U. (2013). Ausbildung und Professionalisierung von Fachkräften für eine inklusive Berufsbildung. In H. Döbert, & H. Weißhaupt (Hrsg.), *Inklusion professionell gestalten. Situationsanalyse und Handlungsempfehlungen* (S. 147–202). Münster u. a.: Waxmann.

Buckley, J., Schneider, M., & Shang, Y. (2005). Fix it and they might stay: School facility quality and teacher retention in Washington, DC. *Teachers College Record, 107*(5), 1107–1123. Abgerufen von https://www.tcrecord.org/content.asp?contentid=11852

Bundesinstitut für Berufsbildung (BIBB). (2018). Inklusion und Berufliche Bildung. Abgerufen von https://www.bibb.de/de/1550.php

Bundesministerium für Bildung und Forschung (BMBF) (2018). Berufsbildungsbericht 2018. Abgerufen von https://www.bmbf.de/de/berufsbildungsbericht-2740.html

Bundesministerium für Wirtschaftliche Zusammenarbeit und Entwicklung (BMZ). (2015). Internationale Ziele: Die Agenda 2030 für nachhaltige Entwicklung. Abgerufen von https://www.bmz.de/de/ministerium/ziele/2030_agenda/index.html

Burow, O.-A. (2014). *Digitale Dividende*. Weinheim: Beltz.

Bylinski, U. (2016). Begleitung individueller Wege in den Beruf: Professionalisierung für eine inklusive Berufsbildung. In U. Bylinksi, & J. Rützel (Hrsg.), *Inklusion als Chance und Gewinn für eine differenzierte Berufsbildung* (S. 215–231). Bielefeld: W. Bertelsmann Verlag.

Bylinski, U. (2016). Gestaltung individueller Entwicklungsprozesse und inklusiver Lernsettings in der beruflichen Bildung. *bwp@Berufs-und Wirtschaftspädagogik – online, 30*. Abgerufen von https://www.bwpat.de/ausgabe30/bylinski_bwpat30.pdf

Deutscher Bildungsrat. (1974). Zur pädagogischen Förderung behinderter und von Behinderung bedrohter Kinder und Jugendlicher: verabschiedet auf der 34. Sitzung der Bildungskommission am 12./13. Oktober in Bonn. In Deutscher Bildungsrat (Hrsg.). Stuttgart: Klett.

Deutsche UNESCO-Kommission. (2014a). Das Aktionsprogramm in Deutschland. Das Weltaktionsprogramm für nachhaltige Entwicklung. Abgerufen von https://www.bne-por tal.de/de/bundesweit/weltaktionsprogramm-deutschland

Deutsche UNESCO-Kommission. (2014b). *Inklusion: Leitlinien für die Bildungspolitik* (Vol. 3). Bonn: UNESCO.

Deutsche UNESCO-Kommission. (2018). Deutsche UNESCO-Kommission fordert inklusives Schulsystem [Press release]. Abgerufen von https://www.unesco.de/bildung/inklus ive-bildung/inklusive-bildung-deutschland/deutsche-unesco-kommission-fordert

Döring, N., & Bortz, J. (2016). *Forschungsmethoden und Evaluation in den Sozial- und Humanwissenschaften*. Berlin: Springer-Verlag.

Enggruber, R., & Rützel, J. (2014). *Berufsausbildung junger Menschen mit Behinderungen. Eine repräsentative Befragung von Betrieben*. Gütersloh: Bertelsmann Stiftung.

Fink, R. (2018). Kinderbuch zeigt modernes Arbeiten bei Microsoft. Abgerufen von https:// news.microsoft.com/de-de/kinderbuch-modernes-arbeiten-microsoft/

Foucault, M. (1978). *Dispositive der Macht. Über Sexualität, Wissen und Wahrheit*. Berlin: Merve.

Fundació Mies van der Rohe. (2019). Ørestad College. Abgerufen von https://eumiesaward.com/work/810

Gensler. (2008). *2008 Workplace Survey United States*: Gensler Design+Performance Report.

Gensler. (2019). Research & Insights. Abgerufen von https://www.gensler.com/research-insight/gensler-research-institute

Gudjons, H. (2006). *Neue Unterrichtskultur – veränderte Lehrerrolle*. Bad Heilbrunn: Verlag Julius Klinkhardt.

Hattie, J. A. C. (2009). *Visible Learning. A Synthesis of over 800 Meta-Analyses Relating to Achievement*. London: Routledge.

Hattie, J. A. C. (2012). *Visible Learning for Teachers. Maximizing Impact on Learning*. London: Routledge.

Hattie, J. (2015). *Lernen sichtbar machen*. Baltmannsweiler: Schneider Verlag Hohengehren

Hausmann Architekten GmbH. (2016). Umbau und Erweiterung des Gymnasiums, Wilhelmshaven. Abgerufen von https://www.hausmannarchitekten.de/projekte/wilhelmshaven/

Henkel, M. (2018). *Barrierefreie Orientierungssysteme an Schulen*. Unpublizierte Hausarbeit. Fachhochschule Münster.

Hofmeier-Pollak, I., & van Elten, B. (2018). Der Vielfalt Raum geben – Architektur und Pädagogischer Raum am EBK Köln. Abgerufen von https://www.ebk-koeln.de/der-vielfalt-raum-geben.html

HyperJoint GmbH. (2018). DIN18040 – Norm Barrierefreies Bauen. Abgerufen von https://www.din18040.de

HyperJoint GmbH. (2018). nullbarriere.de. Abgerufen von https://nullbarriere.de/inklusive-schule-planungsgrundlagen.htm

Jank, W., & Meyer, H. (2006). *Didaktische Modelle*. Berlin: Cornelsen Verlag.

Johnson, K. (2008). *An Introduction to Foreign Language Learning and Teaching*. New York: Routledge.

Jurecic, M., Rief, S., & Stolze, D. (2018). *Office Analytics. Erfolgsfaktoren für die Gestaltung einer typbasierten Arbeitswelt*. Stuttgart: Fraunhofer Verlag.

Kil, M. (2012). Stichwort: „Inkludierende Erwachsenenbildung". *DIE Zeitschrift für Erwachsenenbildung*, 19 (2), S. 20–21. Abgerufen von https://www.die-bonn.de/id/9384

Kling, B., & Krüger, T. (2013). *Signaletik. Orientierung im Raum*. Bobingen: DETAIL.

Kölner Architekturpreis e. V. (2017). Erzbischöfliches Berufskolleg in Köln-Sülz. Abgerufen von https://www.koelnerarchitekturpreis.de/archiv/kap-2017/erzbischoefliches-berufskolleg-in-koeln-suelz/

Korthaus, C. (2016). *Logo, Visitenkarten, Flyer & Co. Geschäftsausstattung und Werbung selbst gestalten*. Bonn: Rheinwerk Design.

Kramer, S. (2019). *Building to Educate. School, Architecture & Design*. Berlin: Braun Publishing.

Kranzfelder, H. (2015). My desk, my decision – How we create the future workplace. Abgerufen von https://www.gameplana.com/2015/09/my-desk-my-decision-how-we-create-the-futureworkplace/

Kremer, H.-H. (2016). Überlegungen zur Inklusion an Berufskollegs -Widerspruch, Ansporn und Herausforderung. In U. Bylinski, & J. Rützel (Hrsg.), *Inklusion als Chance und*

Gewinn für eine differenzierte Berufsbildung (S. 183–199). Bielefeld: W. Bertelsmann Verlag.

Kricke, M., Reich, K., Schanz, L., & Schneider, J. (2018). *Raum und Inklusion: neue Konzepte im Schulbau.* Weinheim und Basel: Beltz.

Kultusministerkonferenz. (2011). Inklusive Bildung von Kindern und Jugendlichen mit Behinderungen in Schulen. Abgerufen von https://www.kmk.org/fileadmin/veroeffentli chungen_beschluesse/2011/2011_10_20-Inklusive-Bildung.pdf

Lamnek, S., & Krell, C. (2016). *Qualitative Sozialforschung.* Weinheim: Beltz.

Landesregierung Nordrhein-Westfalen. (2016). Lernen im Digitalen Wandel. Unser Leitbild 2020 für Bildung in Zeiten der Digitalisierung. Abgerufen von https://www.land.nrw/sites/default/files/asset/document/leitbild_lernen_im_digitalen_wandel.pdf

Lehn, T. (2019). Die Phase Null. Umsetzung pädagogischer Konzepte in pädagogische Architektur. Abgerufen von https://www.schulentwicklung.nrw.de/e/referenzrahmen/tagungen/fachtag-paedagogische-architektur/index.html

Lindmeier, B., & Lindmeier, C. (2012). *Pädagogik bei Behinderung und Benachteiligung.* Stuttgart: Kohlhammer.

Märker, E. (2014). EFS-Projekt AvDual. Daten und Fakten. In H. Sturm (Hrsg.), *Die Zukunft sichern: Jugend, Ausbildung, Teilhabe* (pp. 158–175). Hamburg: Hamburger Institut für Berufliche Bildung.

Maschner, J. (Regisseur). (2015). Phase Null. Der Film. Berlin: Jovis Verlag

Mayring, P. (2010). *Qualitative Inhaltsanalyse.* Weinheim und Basel: Beltz Verlag.

Montessori, M. (2005). *Grundlagen meiner Pädagogik* (9 ed.). Wiebelsheim: Quelle & Meyer Verlag

Microsoft Enterprise. (2018). Microsoft Branchenblogs. „Smart Workspace" in München-Schwabing. Abgerufen von: https://cloudblogs.microsoft.com/industry-blog/de-de/unc ategorized/2018/02/27/smart-workspace-in-munchen-schwabing/

Ministère de l'Éducation nationale de l'Enfance et de la Jeunesse (2018). *Raumkonzepte für eine zeitgemäße Neu- oder Umgestaltung von Bildungseinrichtungen in Luxemburg.* Walferdange: eduPôle Walferdange.

Ministerium des Inneren des Landes Nordrhein-Westfalen. (2019). Richtlinie über bauaufsichtliche Anforderungen an Schulen Schulbaurichtlinie – SchulBauR. Abgerufen von https://recht.nrw.de/lmi/owa/br_text_anzeigen?v_id=1320101214143652573

Ministerium für Schule und Bildung des Landes Nordrhein-Westfalen. (2018). Schulgesetz für das Land Nordrhein-Westfalen. Abgerufen von https://bass.schul-welt.de/6043.htm# 1-1p82

Ministerium für Schule und Bildung NRW; Architektenkammer NRW. (2018). *Schulbaupreis 2018. Auszeichnung beispielhafter Schulbauten in Nordrhein-Westfalen.*

Ministerium für Schule und Weiterbildung des Landes NRW. (2004). Fachklassen des dualen Systems der Berufsausbildung. Abgerufen von https://www.berufsbildung.nrw.de/cms/bil dungsgaenge-bildungsplaene/fachklassen-duales-system-anlage-a/index.html

Montag Stiftung. (2012). *Schulen planen und bauen. Grundlagen und Prozesse.* Berlin: Jovis Verlag.

Montag Stiftung; Bund deutscher Architekten; Verband Bildung und Erziehung (2013). *Leitlinie für Leistungsfähige Schulbauten in Deutschland.* Bonn und Berlin: Selbstverlag.

Montag Stiftung. (2017). *Schulen Planen und Bauen 2.0.Grundlagen, Prozesse, Projekte.* Berlin: Jovis Verlag.

Neues Gymnasium Wilhelmshafen. (2013). Aktuelles. Abgerufen von https://www.ngwonl ine.de/index.php?id=109&tx_ttnews%5Btt_news%5D=126&cHash=cf1025dc4b2768d 80333887afa006f10

Neues Gymnasium Wilhelmshafen. (2016). Leitbild & Leitsätze. Abgerufen von https://www. ngw-online.de/index.php?id=386

Nuissl, E. (2016). *Keine lange Weile. Texte der Erwachsenenbildung aus fünf Jahrzehnten.* Bielefeld: W. Bertelsmann Verlag.

Pampe, B. (2016). Weiterbildung Schulbauberatung: Raum und Inklusion. Abgerufen von https://schulen-planen-und-bauen.de/2016/04/04/schulbauberater-raum-und-inklusion/

Pampe, B. (2018). Plädoyer für einen neuen Schulbau. Abgerufen von https://schulen-planen-und-bauen.de/2018/11/20/plaedoyer-fuer-einen-neuen-schulbau/

Plaute, W. (2016). Universal Design als Gelingensfaktor für inklusives Handeln im Bildungssystem. In U. Bylinski & J. Rützel (Hrsg.), *Inklusion als Chance und Gewinn für eine differenzierte Berufsbildung* (S. 261–275). Bielefeld: W. Bertelmann Verlag

PPAG architects ztgmbh. (2018). Von der neuen Schule. Abgerufen von https://www.ppag.at/ de/projects/of-the-newschool-2/

Qualitäts- und UnterstützungsAgentur – Landesinstitut für Schule. (2018). Bildungsübergreifende Themen. Abgerufen von https://www.berufsbildung.nrw.de/cms/bildungsgangueb ergreifendethemen/uebersicht/index.html

Rätzel, D. (2009). Wie beeinflusst der Raum pädagogische Qualität? Der Raum als dritter Pädagoge. In C. Dehn (Hrsg.), *Pädagogische Qualität. Einflussfaktoren und Wirkmechanismen* (S. 94–107). Hannover: Expressum-Verlag.

Reich, K. (2012). *Konstruktivistische Didaktik. Das Lehr- und Studienbuch.* Weinheim und Basel: Beltz Verlag.

Reich, K. (2014). *Inklusive Didaktik. Bausteine für eine inklusive Schule.* Weinheim und Basel: Beltz Verlag.

Reimann, C. (2019). 100.000 Besucher in Microsofts #OfficemitWindows in München. Abgerufen von https://news.microsoft.com/de-de/100000-besucher-microsoft-schwabing/

Roßmann, N. (2018). Der Raum als „dritter Pädagoge": Über neue Konzepte im Schulbau. Abgerufen von https://www.bpb.de/lernen/digitale-bildung/werkstatt/278835/der-raum-als-dritter-paedagoge-ueber-neue-konzepte-im-schulbau

Royden, C. (2015). *Ørestad Gymnasium – Sixth Form College.* Abgerufen von https://www. thebble.org/wp-content/uploads/2016/02/Ørestad-Gymnasium-CR-2.pdf

Schäfer, G., & Schäfer, L. (2009). Der Raum als dritter Erzieher. In J. Böhme (Hrsg.), *Schularchitektur im interdisziplinären Diskurs: Territorialisierungskrise und Gestaltungsperspektiven des schulischen Bildungsraums* (S. 235–248). Wiesbaden: VS Verlag für Sozialwissenschaften.

Scheytt, O., Raskob, S., & Willems, G. (Hrsg.). (2016). *Die Kultur-Immobilie, Planen – Bauen – Betreiben, Beispiele und Erfolgskonzepte.* Bielefeld: transcript Verlage.

Schmidt-Kuhl, U. (2018). Niekampsweg-Schule in Hamburg 22523 Hamburg. Abgerufen von https://www.heinze.de/architekturobjekt/niekampsweg-schule-in-hamburg/12677859/

SchröderArchitekten. (2018). NIEK. Abgerufen von https://www.schroederarchitekten.de/ projekte/35niek/prj_start.html

Senatsverwaltung für Bildung, Jugend und Wissenschaft (Hrsg.) (2012). *Ausbildung von Lehrkräften in Berlin: Empfehlungen der Expertenkommission Lehrerbildung.* Berlin: Senatsverwaltung für Bildung, Jugend und Wissenschaft.

Tenberg, R. (2011). *Vermittlung fachlicher und überfachlicher Kompetenzen in technischen Berufen. Theorie und Praxis der Technikdidaktik.* Stuttgart: Franz Steiner Verlag.

Tiemeyer, E. (2014). *Projektmanagement in Lernsituationen – Projekte initiieren, managen, dokumentieren und präsentieren.* Haan-Gruiten: Europa Lehrmittel.

Uebele, A. (2006). *Orientierungssysteme und Signaletik: ein Planungshandbuch für Architekten, Produktgestalter und Kommunikationsdesigner.* Mainz: Hermann Schmidt.

The Salamanca Statement and Framework for Action on Special Needs Education, the World Conference on Special Needs Education, (1994).

Vereinte Nationen. (2006). UN-Konvention zum Schutz der Rechte von Menschen mit Behinderungen. Abgerufen von https://treaties.un.org/pages/ViewDetails.aspx?src= IND&mtdsg_no=IV-15&chapter=4&clang=_en

Vetter, J. (2016). Neues Arbeiten im Microsoft-Büro in Stuttgart. Abgerufen von https://news. microsoft.com/de-de/videos/neuesarbeiten-im-microsoft-buero-in-stuttgart/

vitra. (2019). Citizen Office. Abgerufen von https://www.vitra.com/dede/office/concepts/cit izenoffice

Wäger, M. (2016). *Grafik und Gestaltung – das umfassende Handbuch.* Bonn: Rheinwerk.

Wind, E. (2018). Lernwelten (Neubau BS24). Abgerufen von https://bs24.hamburg.de/start/ lernwelten-neubau-bs24/

Wittfoht Architekten. (2018). adidas PITCH. Abgerufen von https://wittfoht-architekten.com/ arbeiten/adidas-pitch

Ørestad Gymnasium. (2019). About Ørestad Gymnasium – a Modern High School with a Media Profile. Abgerufen von https://oerestadgym.dk/in-english/about-oerestad-gymnas ium/

Printed in the United States
By Bookmasters